特色农业与气象系列丛书

丛书主编：王春乙

杏生产气象保障技术

王培娟　主编

气象出版社
China Meteorological Press

内容简介

本书系统总结了杏生产与气象条件的关系，研究了杏树农事活动天气预报模拟，重点探讨了影响杏生产的花期和采收期预报模型及应用实例，开展了杏树花期和幼果期低温冻害等级指标研究，评估了杏树主要气象灾害风险；构建了鲜食杏和仁用杏气候适宜性区划模型，并分析了不同年代际杏树气候适宜区的变化情况，为杏产业合理布局及规划提供参考；探讨了杏树天气指数保险的研究现状，研究设计了杏树低温冻害天气指数保险产品，为避免果农遭受重大经济损失、转移农业气象灾害风险提供思路；介绍了杏生产气象保障服务业务系统的主要架构、功能模块等，在业务系统的基础上开展杏生产气象服务。

本书可为涉农管理部门提供决策参考，可供从事应用气象、杏树栽培和农业技术推广的科技工作者和科研工作者参阅，同时也可供杏树种植大户参考。

图书在版编目（CIP）数据

杏生产气象保障技术 / 王培娟主编. -- 北京 : 气象出版社, 2024. 6. -- (特色农业与气象系列丛书 / 王春乙主编). -- ISBN 978-7-5029-8303-1

Ⅰ. S662.2

中国国家版本馆 CIP 数据核字第 2024VV3030 号

Xing ShengChan QiXiang BaoZhang JiShu

杏生产气象保障技术

王培娟　主编

出版发行：气象出版社

地　　址：北京市海淀区中关村南大街 46 号　　**邮政编码**：100081

电　　话：010-68407112(总编室)　010-68408042(发行部)

网　　址：http://www.qxcbs.com　　**E-mail**：qxcbs@cma.gov.cn

责任编辑：张锐锐　吕厚荃　　**终　　审**：张　斌

责任校对：张硕杰　　**责任技编**：赵相宁

封面设计：艺点设计

印　　刷：北京盛通印刷股份有限公司

开　　本：710 mm×1000 mm　1/16　　**印　　张**：10.5

字　　数：215 千字

版　　次：2024 年 6 月第 1 版　　**印　　次**：2024 年 6 月第 1 次印刷

定　　价：98.00 元

本书如存在文字不清、漏印以及缺页、倒页、脱页等，请与本社发行部联系调换。

《特色农业与气象系列丛书》编委会

《杏生产气象保障技术》编委会

主　编：王培娟

副主编：杨建莹　董航宇

编　委（按姓氏笔画排列）：

乐章燕　朱婧铱　刘洪鹏　姚树然　唐俊贤

靳巧芝

总　序

习近平总书记强调"粮食安全是'国之大者'"。粮食安全是国家安全的重要基础，也是我国经济社会发展的"压舱石"。党中央、国务院高度重视粮食安全问题，始终把解决人民吃饭问题作为治国安邦的首要任务。以习近平同志为核心的党中央立足世情、国情、粮情，确立了"以我为主、立足国内、确保产能、适度进口、科技支撑"的国家粮食安全战略。在2022年全国"两会"期间，习近平总书记再次指出，"要树立大食物观""在确保粮食供给的同时，保障肉类、蔬菜、水果、水产品等各类食物有效供给"。"大食物观"拓展了传统的粮食边界，指导我们从更广的维度认识和把握国家粮食安全。

特色农业是以资源为基础、以科技为支撑、以规模化生产和品牌化经营为手段、将区域内特有的农产品转化为特色商品的现代农业，近年来以其独特的区位优势资源、独特的产品品质和高效的经济价值得到迅速发展，形成了从特色作物种植、水产养殖，到规模化生产、加工、贮运、销售的完整产业链，在精准扶贫和乡村振兴中发挥了重要作用，是保障国家粮食安全、促进现代农业经济发展的重要抓手。《国务院关于印发气象高质量发展纲要（2022—2035年）的通知》（国发〔2022〕11号）要求，提高气象服务经济高质量发展水平，实施气象为农服务提质增效行动。强化特色农业生产气象保障技术应用是气象部门落实《气象高质量发展纲要（2022—2035）》，服务于国家粮食安全、乡村振兴、改善民生等国家战略的重要举措。

近年来，特色农业产值已发展到我国农业总产值的50%以上，产区覆盖了94%的重点脱贫县。特色农业产区地域性强，经济价值高，对生长环境要求独特，气象条件对特色农产品影响远大于普通农作物，使得特色农业气象服务尤为重要。然而，特色农产品产区农业基础设施普遍偏差，作物抗灾能力弱，也制约着特色农业产业的发展，迫切需要提高特色农业气象服务保障能力。2017年和2020年，中国气象局和农业农村部联合，分两批建立了15个特色农业气象服务中心；2024年，中国气象局与农业农村部、国家林业和草原局联合，建立了第三批10个特色农业气象服务中心。针对国家粮食安全和重要农产品有效供给的重大战略需求，面对气候变化、农业供给侧结构性改革和民生需求，以及国际贸易复杂多变的形势，各特色农业气象服务中心围绕着与国家安全相关的油料和橡胶等重要农产品、关乎民生的"菜篮子"

"果篮子"和居民生活品质的特色农产品，开展农业气象监测、气象灾害预警及风险评估、农业保险、产量预报和品质评估、农用天气预报、农业气候区划等关键气象保障技术研发，实现特色农产品生产全程气象保障的精细化、多元化、特色化服务，为保障国家粮食安全、满足民生需求、降低气候变化影响风险、促进区域可持续发展等提供了科学依据和数据支撑，在促进农业增产、农民增收、农村繁荣和社会主义新农村建设中发挥了重要作用。

"十三五"期间，科技部启动了"主要经济作物优质高产与产业提质增效科技创新"重点研发计划。由中国气象科学研究院原副院长王春乙研究员为首席科学家，联合国内多所高校、科研院所、业务单位、相关企业，组建研究团队，成功获批了重点研发计划项目"主要经济作物气象灾害风险预警及防灾减灾关键技术"(2019YFD1002200)。经过项目组近四年的科研攻关，结合各特色农业气象服务中心十几年的科研业务服务积累，形成了本丛书。丛书由王春乙担任主编，由各特色农业气象服务中心和"十三五"国家重点研发计划项目的技术负责人担任各分册主编，全面展现近年来气象部门在特色农业气象保障技术方面取得的一系列创新性成果，系统阐述种植业、养殖业、设施农业、都市农业等特色农业气象的新技术、新方法，是一套学术水平高、创新性和适用性强的专业丛书，对进一步拓展气象为农服务领域、提高气象为农服务科技水平具有很好的参考作用。为此，我谨向该丛书的作者和气象出版社表示衷心的感谢。

中国工程院院士　徐祥德

2024 年 2 月

前　言

杏树(学名 *Armeniaca vulgaris* Lam.)属于蔷薇科(*Rosaceae*),落叶乔木,原产于中国,是重要的经济果树树种,在漫长的进化过程中形成了不同的品种和类型,既有优良的鲜食杏品种,又有仁用品种,还有鲜食、加工兼用品种,兼具园林观赏、药用、食用、防风固沙等功用,现已成为世界性果树。

杏树为喜光树种,适应性强,具有深根、喜光、耐旱、抗寒、抗风等特性,寿命可达百年以上,为低山丘陵地带的主要栽培果树。在我国的分布范围较广,除南部沿海及台湾省外,大多数省份皆有种植,其中以河北、山东、山西、河南、陕西、甘肃、青海、新疆、辽宁、吉林、黑龙江、内蒙古、江苏、安徽等地较多,集中栽培区为东北南部、华北、西北等黄河流域周边各省份,在湖北、湖南等省杏树也有较快的发展和分布。新疆可称得上是中国历史上杏的发源地和集中产区之一,杏树自公元前 2 世纪经丝绸之路从我国传到了中亚、西亚和地中海沿岸国家,之后逐渐扩展到世界各地。目前,杏已发展成为世界性水果,除南极大陆外,各大洲温带的广大地区均有分布。

虽然杏树具有非常强的气候适应性,但是在鼓励林果业上山、上坡,充分利用"四荒"(荒山、荒沟、荒丘、荒滩)资源,不与粮棉争田政策的引导下,杏树多种植于土壤条件相对贫瘠的山坡地,且受全球气候变暖影响,各种极端天气气候事件多发、频发、重发,一旦出现低温、霜冻等恶劣天气,山坡地的果树受影响最大。因此,针对杏生产过程中趋利避害的气象服务需求,在"十三五"国家重点研发计划课题"热带与特色林果气象灾害监测预警技术与业务平台"(2019YFD1002203)相关成果的支持下,本书系统梳理了杏生产与气象条件的关系、杏树主要气象灾害监测及周年气象服务等相关技术,以期为气象部门开展杏树气象服务提供参考。

本书共分 8 章。第 1 章简要介绍了杏生产概况,由王培娟编写;第 2 章介绍了杏生产与气象的关系,由王培娟、姚树然编写;第 3 章介绍了鲜食杏主要气象灾害监测及风险评估技术,包括基于活体试验、离体实验、历史灾情等方法的杏树花期和幼果期低温冻害指标与监测评估技术,由杨建莹、董航宇、姚树然编写,王培娟负责统稿;第 4 章介绍了杏树农事活动预报技术与方法,包括杏树花期和采收期预报技术与服务,由董航宇、刘洪鹏编写,王培娟负责统稿;第 5 章给出了中国鲜食杏和仁用杏种植的气候适宜性区划,为杏树产业布局提供依据,由朱婧铱、唐俊贤、王培娟编写;第 6

章探讨了杏树天气指数保险现状、产品设计与服务等，由乐章燕、董航宇、靳巧芝编写；第7章系统总结了杏生产过程中的主要栽培管理技术，包括土壤和肥水管理、病虫害防治、花期霜冻害预防，以及杏树生产中的常规管理技术，由董航宇、刘洪鹏编写；第8章介绍了杏生产气象保障服务系统的建设情况，包括系统架构、功能、技术路线、周年气象服务方案与服务案例，由姚树然、董航宇、刘洪鹏编写。全书由王培娟主持编写并统稿。

在编写过程中，除了吸收本研究团队在“十三五”期间的研究成果外，还参考气象部门相关气象服务技术与案例，查阅了相关领域国内外文献、新闻媒体报道等，在此表示最诚挚的感谢。由于我国杏产业发展迅速，且区域特性较强，而杏气象服务才刚刚起步，相关的理论、方法、技术还在不断完善中，深感出版此书的责任与压力巨大。由于作者水平有限，书中难免有不足和疏漏之处，敬请广大读者批评指正。

作者

2023年9月

目　录

第1章 杏生产概况

杏树(学名 *Armeniaca vulgaris* Lam.)属于蔷薇科(*Rosaceae*),落叶乔木,原产于中国,是古老的优良果树。杏树适应性强,分布广泛,在漫长的进化过程中形成了不同的品种和类型,既有优良的鲜食杏品种,又有仁用品种,还有鲜食、加工兼用品种,现已成为世界性水果。杏树耐旱、耐瘠薄具有适应性广、抗逆性强、容易栽培、管理省工、寿命长、效益高、耐粗放管理、投资少、见效快等特点,适宜在干旱、半干旱平原、丘陵地区发展种植,同时还是治沙的先锋树种,常作为我国北方特色树种。杏树先开花后展叶,颜色鲜艳,既可绿化又可观赏,同时杏果实成熟早,是人们喜爱的时令水果之一。杏果外观美,果肉味美色艳、果汁多味酸甜、风味佳,而且营养丰富,杏果肉除含蛋白质、纤维、各种糖、有机酸和矿物质外,还富含维生素 E、维生素 C、维生素 A 和β-胡萝卜素;β-胡萝卜素含量高于苹果、梨、桃和柑橘 4 大水果,是一种营养价值高的果品,在初夏水果市场上占有重要的地位。不仅鲜食杏营养丰富,仁用杏营养也很丰富,其成分大多为不饱和脂肪酸,有较高的食用和药用价值。

杏树作为重要经济作物之一,无论是鲜食杏、加工杏、仁用杏还是观赏杏,在国内乃至国际市场上均具有很大的发展潜力。

1.1 杏生产现状

杏原产于我国北方地区,以黄河流域各省份为其分布的中心地带,栽培历史悠久。据记载我国杏栽培有 3500 年的悠久历史,我国杏生产面积、产量均居世界第一。在栽培规模上,远在古代就与桃、李、栗和枣并称为“五果”。栽培种主要分布于秦岭、淮河以北的黑龙江、吉林、内蒙古、辽宁、河北、陕西、甘肃、青海、宁夏、新疆等地。而新疆维吾尔自治区可称得上是中国历史上杏的发源地和集中产区之一,自公元前 2 世纪经丝绸之路起,从我国传到了中亚、西亚和地中海沿岸等国家,之后逐渐扩展到世界各地。目前,已发展成为世界性水果,除南极大陆外,各大洲温带的广大地区均有分布。

杏生产的优势主要有:(1)随着我国人民生活水平的提高,除苹果、梨、桃等大宗果品外,对特色果品、果品多样化的需求日益增加,受国家政策影响,许多贫困山区通过果树产业扶贫,而杏树具有结果期早、适应性强、耐干旱、耐寒、耐瘠薄、容易栽培、管理省工、寿命长、效益高等特点,适宜在干旱、半干旱平原、丘陵地区发展;(2)杏果成熟早,是时令水果之一,既可鲜食又可加工成多种产品,供应和丰富初夏水果淡季市场;(3)得到国家产业政策的支持,发展杏产业可促进果树产业结构调整、振兴乡村经济,建设美丽乡村;(4)城市周边建立杏果采摘园,可满足人们对果品多样化及休闲娱乐、体验农事、观光旅游的需求;(5)种植户种杏的积极性不断提高,面积、产量一直稳步上升,特别是贫困山区农民在国家扶贫产业政策和乡村振兴战略的引导和支持下,开发杏产业的积极性空前高涨;(6)杏新品种选育及简约化技术的开发取得一批新成果,国内杏行业科研人员经过多年努力,培育出早中晚熟品质优良的新品种,如“早金艳”“红艳”“玫硕”等,并研发配套丰产及提质增效技术,极大地促进了杏产业的发展。利用杏产业优势,借力国家扶贫政策和振兴乡村的战略机遇,大力发展我国的杏产业,为国内外对杏的需求提供丰富的产品。

1.2 杏主要品种与地理分布

1.2.1 杏品种分类

我国杏种质资源十分丰富,杏产地的种植者采用实生繁殖和自然选择相结合,并通过嫁接形成了若干农家地方优良品系(品种)。杏树在我国分布广泛,西北、华北、华南及东北地区的广大山区都有杏的野生树种存在,以黄河流域纬度带栽培最多。据不完全统计,我国现有地方农家杏品种类型 3000 余个,其中既有极早熟、早熟、中熟、晚熟优良鲜食杏品种,又有鲜食、加工兼用品种及仁用杏品种。

鲜食杏果实大,肥厚多汁,甜酸适度,着色鲜艳,主要供生食,也可加工用。我国鲜食杏的种植面积约 36 万 hm^2,年产量约 270 万 t,且鲜食杏品种比较丰富,有从国外引进的适应性广、丰产性好的品种,如“金太阳”“凯特”“金寿”等,还有我国培育的优良品种,如“新世纪”“红丰”等。另外我国地方特色品种,如以河北省张家口地区的几个鲜食杏品种较著名,如“供佛”“木瓜”“石片黄”等。张家口地区原产鲜食杏品种“供佛杏”原产于该地区阳原县高墙乡南口村安乐寺院内,供佛杏不但个大、色艳、味香、仁甘甜,而且丰产稳产,属杏果、杏仁兼用品种,被称为京西第一杏。1991 年在河北省杏品种鉴评会上获中晚熟品种第一名，并且在1999年作为张家口市的名优产品在世博会参展。鲜食杏还有如河北巨鹿的“串枝红”，原产于该县的孔家寨、柴尚庄，已有300多年的栽培历史，2000年被农业农村部定为优异种质资源；“香白”是河北省丰润、遵化和天津市蓟州区一带的品种；鲜食杏品种“金宇”是河北省农林科学院石家庄果树研究所选育出的极早熟鲜食杏新品种，2014年通过河北省林木品种审定委员会审定；“金辉”“金荷”“金秀”为河北省农林科学院石家庄果树研究所选育出的鲜食杏新品种，分别于2014年、2015年、2013年通过河北省科技成果鉴定，在石家庄推广种植。

仁用杏果实较小，果肉薄，种仁肥大，味甜或苦，主要采用杏仁，供食用及药用，但有些品种的果肉也可干制，是我国乡村的生态经济型木本粮油树种，具有较高的经济价值和生态价值。目前，全国仁用杏种植面积约135万 hm^2，年产杏仁30万t。仁用杏主要分布在河北省张家口市和承德市、辽宁省朝阳市、内蒙古自治区赤峰市和通辽市、陕西省榆林市、山西省大同市、甘肃省庆阳市等地。其中，甜杏仁（杏扁）品种相对较多，如河北省杏扁资源与主栽品种：①“龙王帽”原产于河北省涿鹿县，是地方古老品种，在河北省蔚县种植，果实7月中旬成熟，发育期90 d；“龙王帽”适应性强，较丰产，在张家口地区广泛栽培。②“优一”从河北省蔚县常宁乡安庄村杏扁园中选出，果实7月中旬成熟，果实发育期90 d，大小年现象明显；“优一”比较抗寒，核壳薄，杏仁口感好，在张家口、承德地区广泛栽培。③“围选1号”是围场满族蒙古族自治县林业局选出的杏扁优株，5月上旬盛花，8月上旬果实成熟；“围选1号”抗寒能力强，在承德、张家口地区广泛栽培。④“一窝蜂”原产于河北省涿鹿县、蔚县等地，在河北省蔚县，果实7月中旬成熟，发育期约90 d，在张家口地区广泛栽培。

鲜食加工兼用杏类，果肉厚，糖分多，便于干制。有些甜仁品种，可肉、仁兼用，例如新疆的“阿克西米西”“克孜尔苦曼提”“克孜尔达拉斯”等，都是鲜食、制干和取仁的优良品种。

1.2.2　杏地理分布

杏树为喜光树种，适应性强，寿命可达百年以上，为低山丘陵地带的主要栽培果树。在我国的分布范围较广，除南部沿海及台湾省外，大多数省区皆有，其中以河北、山东、山西、河南、陕西、甘肃、青海、新疆、辽宁、吉林、黑龙江、内蒙古、江苏、安徽等地较多，集中栽培区为东北南部、华北、西北等黄河流域周边的省份，在湖北、湖南等省杏树栽培也有较快的发展。

我国杏树大多为野生自然生长状态，特点是分布面积广，密度不均，而杏按照用途可分为鲜食和仁用杏，按照栽培特点又分为栽培杏和山杏。我国是鲜杏生产大国，拥有90%的杏种植资源，由于其适应性强，具深根性、喜光、耐旱、抗寒、抗风，而且对土地的要求不严格，为低山丘陵地带的主要栽培果树。西北、华北、东北为主要种植区，并形成了从西到东的“三北”杏树产业带。杏树花期在3—4月，果期在6—7月，是较早成熟的核果类水果之一。杏果一般为黄色、白色、红色，外形圆润，果皮有细密的绒毛，口感绵甜，营养丰富。所产鲜食杏大部以鲜果形式供应国内市场，深受人们喜欢。

仁用杏具有耐贫瘠、耐干旱、耐寒冷等特点，按照气候类型，适宜发展仁用杏的核心产区主要集中在西北大陆性温带气候区、华北暖温带气候区、东北温带气候区和西南高原气候区，一般适合种植于荒山、坡耕地等，是“三北”生态脆弱区发展经济林产业的适生树种。杏仁分为苦杏仁和甜杏仁两种，一般以甜杏仁食用，苦杏仁作为深加工原料用于制中药。其中甜杏仁主产于河北承德和张家口、北京、陕西、辽宁等地，苦杏仁主产于河北东北部、辽宁、吉林、黑龙江及内蒙古东北地区。

1.2.3 杏主产区概况

1.2.3.1 新疆

新疆是世界杏属植物起源中心之一，也是我国及世界的重要杏产区，具有悠久的栽培历史，品种资源丰富，果实品种优异。截至2020年底，新疆杏栽培面积约11.63万hm^2，年产量约93.76万t。

新疆杏产业自1999年以来经历了快速发展阶段(2001—2007年)、平稳阶段(2007—2010年)及下降阶段(2011—2020年)。自2002年以来新疆大力发展杏产业，2010年栽培面积达到317万亩[①]，2012年产量达到了173万t，为历史最高值。此后由于红枣产业及核桃产业经济效益大于杏产业，因此从2011年以来杏栽培面积逐年下降。

新疆杏树主要分布在南疆区域，北疆主要为伊犁地区，面积最大的是喀什地区，约4.43万hm^2，其他主产地区依次为伊犁哈萨克自治州、阿克苏地区、和田地区。

1.2.3.2 河北

河北是我国杏主产区，面积和产量约占全国的19%和14%。河北管辖的11个地级市，均有杏树种植。据河北省林业厅2015年统计数据显示，河北鲜食杏面积为94.50万亩，产量为28.90万t；河北甜杏仁(杏扁)栽培面积为261.15万亩，产量为3.03万t；山杏仁挂果面积为436.80万亩，产量为2.71万t。

据河北省林业厅统计数据，河北省鲜食杏挂果面积和产量呈稳步增长趋势。甜杏仁(杏扁)挂果面积先增长后回落，甜杏仁(杏扁)产量在2013年以前呈缓慢增长趋势，受2014年晚霜冻害影响，当年大部分甜杏仁(杏扁)产量大幅度下降，2015年甜

---

① 1亩=1/15 hm^2

杏仁(杏扁)产量又急剧增加,挂果面积虽然减少,但产量达到了最高值 3.03 万 t。山杏仁的挂果面积很大,在 150 万亩左右,但产量很低,约 2.00 万 t,总体呈缓慢增长趋势,2015 年达到了 2.71 万 t。

1.2.3.3 山东

根据山东省经济林管理站的统计数据,2013 年山东省杏栽培面积为 32.4 万亩,产量为 31.6 万 t。就栽培面积来看,山东省杏栽培面积整体呈下降趋势,2010 年为 39.3 万亩,2013 年下降至 32.4 万亩;就单产来看,山东省每亩的统计单产呈上升趋势,2010 年为 732.03 kg/亩,2012 年、2013 年分别达到 1075.82 kg/亩和 973.65 kg/亩。另外,2013 年,由于受到当年春季冻害的影响,当年全省杏树减产 9.5%。

山东省杏主产区(栽培面积达 2.00 万亩及以上)主要有:济南、泰安、济宁、烟台、临沂、聊城和滨州,其栽培面积占全省的 70%以上。有意思的是,除了烟台在山东东部以外,其余主产区分布在山东省西部南北向的一条"C"形带状区域内。另外,各杏主产区还有少量保护地栽培,如济南的长清区、泰安的肥城市、滨州的邹平市。

1.2.3.4 山西

山西杏栽培历史悠久,形成了许多地方品种,并随之而形成了独特品种的栽培区。根据山西各地优良品种的分布,山西有以下 4 个杏的主要栽培区:即京杏栽培区、沙金红栽培区、白水杏栽培区和红梅杏栽培区。

山西省仁用杏资源极为丰富,大约有 170 多个品种,常见栽培的就达 90 多个,主要分布在太原市的清徐县、古交市,晋中市的榆次区、太谷区,大同市的天镇县、阳高县、云州区以及广灵县,吕梁市的岚县,运城市的永济市、万荣县、临猗县等地。其中广灵县、岚县已跻身全国仁用杏之乡的行列。2012 年,山西省仁用杏种植面积 133.95 万亩,占全国仁用杏种植面积的 5.97%,分布在 48 个县级地区,年产量 4.90 万 t。

近年来,山西省仁用杏的主要栽培品种有"超仁""一窝蜂""北山大扁""白玉扁""龙王帽""丰仁"等。

1.2.3.5 甘肃

甘肃是我国杏的起源中心之一,杏树栽培历史悠久,在长期的生产实践过程中,果农积累了丰富的栽培管理知识,保证了杏的健康、快速和持续发展。目前杏树栽培主要集中在甘肃庆阳、平凉、白银和张掖等地。

甘肃省杏树栽培经历了两次大的发展,第一次开始于 20 世纪 50—70 年代,杏树当时作为水土保持的先锋树种主要用于荒山造林,栽培品种以山杏为主。第二次开始于 20 世纪 90 年代后期,即"关于建设'三北'杏树产业带的建议"提出之后,在政府和市场两方面的积极引导下,果农种植积极性空前高涨,出现了大规模的山杏改良和杏树优质丰产规范化栽培,杏树面积和产量都有了显著提高。

1.2.3.6 四川

四川位于我国西南，地处长江上游。省内立体气候较为明显，适宜栽培的果树种类丰富。其中杏树栽培历史悠久，适应范围广，经济效益高，已经发展成为具有地区特色的优势树种，已成为四川地区农村产业结构调整、农民脱贫致富的重要产业之一。

杏和李是四川省核果类果树的主要品种，具有适应性强，对气候、土质要求不严，结果早和栽培管理容易等特点，加之果实成熟时正是四川省水果市场的淡季，因而经济效益比较显著。目前四川省杏、李主产区主要集中在川西平原的崇州市、眉山市，龙泉山脉的成都市青白江区、简阳市，川南的泸州市、宜宾市，川北的绵阳市、广元市，川东的达州市以及横断山区的凉山州、阿坝州等地。

1.2.4 杏地理标志产品

地理标志产品是指产自特定地域，所具有的质量、声誉或其他特性本质上取决于该产地的自然因素和人文因素，经审核批准以地理名称进行命名的产品。中华人民共和国商务部主办的全国农产品商务信息公共服务平台①中公布了23个杏区域地理标志农产品、11个地理标志保护农产品、6个地理标志杏商标，涵盖了北京、河北、山西、辽宁、江苏、安徽、山东、河南、湖北、四川、陕西、甘肃、宁夏、新疆14个省(区、市)和新疆生产建设兵团。下面简要列出几个杏地理标志产品。

1.2.4.1 蓝田大杏

蓝田大杏产于陕西省西安市蓝田县，主栽区为北部横岭黄土丘陵沟壑区和西部黄土台塬区，面积619.8 km^2，占全县总面积的31.48%，主产区海拔高度在603.0～763.3 m。土层厚度50～100 m，土壤以塿土、黄土为主，pH值7～8，中性偏碱，有机质含量高，具有良好的团粒结构，非常适宜大杏生长发育。因此，蓝田的半岭、老岭和黄土台塬生长的大杏，根深叶茂，树体健壮，结果多，且果个大、产量高、品质优，微量元素丰富，成为全国优质大杏生产基地。

蓝田县属于暖温带半湿润大陆性季风气候。四季冷暖分明，冬夏长春秋短，雨热同季。年平均气温9.0～13.0 ℃，最热7月为26.8 ℃，最冷1月为−1.3 ℃；年平均最高气温19.0 ℃，年平均最低气温8.3 ℃，极端最高气温43.3 ℃，极端最低气温−17.4 ℃。初霜期平均出现在11月1日，最早为10月9日，最晚为11月19日，早晚相差41天；平均终霜日在4月3日，最早为3月7日，最晚于4月24日结束，早晚相差48 d，全年平均无霜期212 d，最长236 d，最短188 d。独特的气候适宜发展具有特色的蓝田大杏生产，光照充足、昼夜温差大则是蓝田大杏含糖量高的主要因素。

① 全国农产品商务信息公共服务平台(http://wzzxbs.mofcom.gov.cn)

目前境内尚存有距今160多年历史的大杏老树，证实大杏栽培历史较久。由于蓝田杏果个大、色金黄、纤维少、果汁多、味香甜，深受广大消费者的欢迎。

1.2.4.2　敦煌李广杏

敦煌市位于河西走廊最西端，甘、青、新三省(区)交会处，92°13′—95°30′E，39°53′—41°35′N。全市总面积3.12万km^2，其中绿洲面积1400 km^2，仅占总面积的4.5%，且被沙漠戈壁包围，故有"戈壁绿洲"之称。敦煌李广杏栽培面积500 hm^2，年产李广杏2800 t，年产值420万元。

敦煌境内东有三危山，南有鸣沙山，西面是沙漠，与塔克拉玛干相连，北面是戈壁，与天山余脉相接。南北高，中间低，自西南向东北倾斜，平均海拔不足1200 m。党河冲积扇带和疏勒河冲积平原，构成了敦煌这片内陆平原。一望无际的沙漠和大片绿洲，形成了独特的自然风貌。由于地处内陆，明显的特点是气候干燥，降雨量少，蒸发量大，昼夜温差大，日照时间长，属典型的暖温带干旱性气候。全年日照时数为3246.7 h，年平均降水量39.9 mm，年蒸发量2486 mm，多晴少雨，空气较干燥，但有稳定的河水、泉水保证灌溉，能够满足李广杏生长结果的需水要求，又适当抑制李广杏病虫害的发生。这里四季分明，春季温暖多风，夏季酷暑炎热，秋季凉爽，冬季寒冷。年平均气温为9.4 ℃，月平均最高气温为24.9 ℃(7月)，月平均最低气温为−9.3 ℃(1月)，年平均无霜期142 d。敦煌李广杏果实成熟期昼夜温差大，利于李广杏着色和糖分积累。敦煌李广杏产区风的变化较有规律，经常以东南风与西北风交替出现，冬季多为西北风，夏季多为东南风，微风细雨造就了敦煌李广杏色泽艳丽、果形端正、果面光洁、肉质细嫩、风味浓香的特殊品质。

1.2.4.3　库车小白杏

库车位于新疆维吾尔自治区中西部，阿克苏地区东部，天山中段南麓，塔里木盆地北缘，东与轮台县交界，南与沙雅县相连，西与拜城县接壤，北部与和静县毗邻，是古丝绸之路上一颗璀璨的明珠，不但有数量众多的名胜古迹，还有新疆特产库车小白杏。一抱粗的古杏树在库车比比皆是，据说至少都有300年的树龄，无论单产、总产、品种、种植面积和产品品质等，库车杏子在整个新疆乃至中国都是独一无二的，素有"中国白杏之乡"的美誉。库车小白杏地理标志地域保护范围包括乌恰镇、依西哈拉镇、玉其吾斯塘乡、阿拉哈格镇、齐满镇、哈尼喀塔木乡、墩阔塘镇、牙哈镇、吾尊镇、阿克斯塘乡、塔里木乡、阿格乡管辖范围内的215个村，位于82°35′—84°17′E，40°46′—42°35′N，保护范围面积16万亩，年产量15.68万t。

库车市地形北高南低，自西北向东南倾斜，南部为冲积平原，面积为7648.39 km^2，海拔为930～1225 m。地形平坦，土壤肥沃，土质中铜、铁、锰、锌等土壤微量元素含量高，尤其是速效钾含量达到173.15 mg/kg，非常适合小白杏的生长。库车市地处暖温带，热量丰富，气候干燥，年降水量73.3 mm，降水稀少，但灌溉条件良好，境内主要河流有库车河(苏巴什河)、渭干河和塔里木河。库车河发源于天山山脉牧孜塔格山，属于积雪融化和泉水汇集而成的河流，年径流量 3.31 亿 m^3，灌溉面积 15333.3 hm^2，排灌方便。库车县夏季炎热，冬季干冷，年温差和日温差都很大，年平均气温 10.7℃，属暖温带大陆性干旱气候。日照充足，日照全年达 2915.9 h，受塔克拉玛干大沙漠的影响，气温日变化较大，平均日较差多在 10 ℃以上，极有利于库车小白杏干物质和糖分的积累，同时由于境内地貌复杂，形成明显的区域性气候差异，这些特有的果园小气候，为小白杏营养物质的积累和产品质量的提高提供了非常有利的自然条件。

1.2.4.4 仰韶大杏

仰韶大杏的地域保护范围位于河南省三门峡市渑池县境内南部的丘陵旱作区，西与三门峡市陕州区接壤，南与洛宁相连，东与宜阳、新安毗邻；海拔 300～700 m，区域总面积为 25947.93 hm^2，总耕地面积 16377.00 hm^2，仰韶大杏种植面积 1333 hm^2，年总产量达 6 万 t，地理位置为 111°33′—112°01′E，34°43′—34°36′N。仰韶大杏因果形似鸡蛋，俗称“鸡蛋杏”。果实成熟后，核肉分离，摇晃有响声，又称“响铃杏”。相传战国末年，秦王与赵王在渑池会盟时，秦王本不打算把和氏璧给蔺相如，因秦王正品尝鲜杏、吃得出神，蔺相如一句“璧有瑕”秦王顺手把和氏璧给了蔺相如，秦统一六国后一直到汉、唐，仰韶大杏都作为贡品年年供奉给皇宫。现如今，在仰韶大杏的主产区渑池县李家村，仍然生长着 400 余棵逾百年树龄的老杏树，根繁叶茂、果实累累，正在成为当地农民增收的主导产品。

渑池县位于崤山余脉，山陵各半，地貌为中低山及丘陵，由南向北依次呈梁前斜地—梁地—涧河河谷—山前斜地—中低山地—河谷阶地，其中山地面积 790.37 km^2，丘陵 322.75 km^2、斜地 211.16 km^2、河川平地 43.30 km^2。土壤类型包括褐土和棕壤两类，其中以红黏土和黄黏土比例最大。境内水资源丰富，降水为地表水的主要来源；全县有河流 132 条，全长 730.17 km，较大的河流有涧河、洪阳河、涧口河；全县水库 32 座，控制流域面积 256.57 km^2，总库容 3136.76 万 m^3，地表水、地下水总开发量 0.22 亿 m^3，有效灌溉面积 8.3279 万亩。渑池县属暖温带大陆性季风型气候，春季多风少雨干旱，夏季多雷电暴雨炎热，秋季小雨连绵凉爽，冬季常风大雪少寒冷。年平均日照时数 2257.4 h，全年无霜期达 216 d，10 ℃以上积温 4046℃ · d，年平均降水量 656.9 mm，气候温和，昼夜温差大，中性偏酸土壤，非常适合大杏生长。得天独厚的自然条件造就了仰韶大杏肉质细韧致密、纤维少、汁液丰富、酸甜可口、香气浓、离核的独特品质。仰韶大杏既适宜鲜食，又可加工成糖水杏、杏浆、杏脯等佳品。

1.2.4.5 彭阳红梅杏

彭阳县位于宁夏回族自治区固原市，境内分为北部黄土丘陵区、中部河谷残塬区和西南部土石质山区三个自然类型区，海拔 1248～2418 m，适宜种植红梅杏。彭阳红梅杏地域范围包括彭阳县 12 个乡镇，位于 106°32′—106°58′E，35°41′—36°17′N。全县总土地面积 2528.65 km^2，耕地面积 66867 hm^2，彭阳红梅杏总种植面积 74 万亩，挂果杏面积约 45 万亩，可产鲜杏 45000 t（成品杏干 12000 t），不少果农因此而脱贫致富。

彭阳县属温带半干旱气候区，为典型的大陆性季风气候，冬寒长、春暖迟、夏热短、秋凉早；干燥少雨、日照充足、蒸发强烈、无霜期短。年平均气温 7.4～8.5 ℃，年平均日照时数 2518.1 h，无霜期 147～168 d；年平均降雨量 350～550 mm，太阳辐射量为 127.6 kcal/cm^2；≥0 ℃积温 3000～5000 ℃·d，≥10 ℃积温 2500～2800 ℃·d，降雨量分配差异大，雨季（7—9 月）降雨占全年降雨量的 60%以上。海拔 1248～2416 m，水平地带性土壤为黑垆土，大部分地方分布着近似母质的湘黄土和淡黑垆土等土壤类型。土壤有机质及其他养分含量较高，土层深厚，土壤疏松，质地以中壤土为主，天然隔离条件好，传毒媒虫少，生产的杏子质量更高。彭阳优越的气候条件和立地条件适合杏子的大面积种植和发展。

1.2.4.6　清徐沙金红杏

清徐县地处山西省太原市太原盆地的西北端，县境位于 112°10′—112°38′E，37°28′—37°47′N，北与晋源相邻，东与晋中毗邻，南与祁县接壤，西与古交市相连。清徐沙金红杏种植区域主要在清徐县西北部丘陵旱地区，区域内沟壑密布，山峦逶迤，梁峁层叠，塬坡连绵，气候温和，物产丰富，所产沙金红杏是享誉三晋名扬海外的珍稀果品。清徐杏的栽培始于明朝，至今已有 1200 多年的历史，20 世纪 90 年代尚有近 200 a 树龄的老杏树存活，原系仁义村叫沙家地的实生杏，因其果实艳丽，呈金红色，故得名沙金红。目前清徐县沙金红杏种植面积 240 hm^2，年总产量 3600 t。

清徐沙金红杏种植区海拔高，昼夜温差大，气候凉爽，土壤质地疏松，光照充足，降水时空分布良好，地下水资源极为丰富、浅层水质好，土壤肥沃，有机质含量较高，保水保肥性能好，加上当地群众素有使用农家肥作底肥的耕作习惯，是清徐沙金红杏的天然生产基地。清徐县属于温带大陆性气候区，气候温和，四季分明。春季干旱多风，夏季炎热多雨，秋季阴雨连绵，冬季干燥寒冷。年平均气温 10.2～10.6 ℃，年平均无霜期 178 d，年均降水量 500 mm 左右。6—9 月是清徐县热量资源充足、降水量集中的季节。雨热同期，对土壤养分向植物的迁移转化、有机质的合成和分解，都有非常积极的作用，可以提高水、热资源的利用率，有效提高了沙金红杏的产量和品质。

1.2.4.7　张高水杏

张高水杏主要种植于山东省滨州市邹平市张高村，属鲁中泰沂山区，以火山岩、侵入岩、沉积岩为主要成土母岩，全部为褐土，生态环境优良，爽水性好，耕层较厚，保水保肥能力强，旱能浇、涝能排，土壤有机质含量高、无污染，富含有机质和磷、钾等微量元素，各种营养元素比例协调。地理位置为 117°39′4″—117°42′23″E，36°52′45″—36°54′15″N，地域保护面积 80 hm^2，年总产量 3000 t。张高水杏产区生态资源丰富，森林覆盖率高，各种病虫害的自然天敌达 30 余种，通过积极推广生物防治技术，有效防治了水杏各种病虫害的发生，也保证了张高水杏绿色无公害的特点。

张高水杏生产基地邹平市张高村，属于北温带大陆性季风气候，具有明显的季节变化和季风气候特点，四季分明，雨热同季。冬季多偏北风，夏季多偏南风，春秋风向多变。年平均气温 13.1 ℃，极端最低气温 −25.1 ℃，极端最高气温 42.8 ℃。年无霜期一般为 193 d，≥0 ℃的积温 4957.4 ℃·d，≥10 ℃的积温 4466.9 ℃·d，年日照时数为 2619.8 h，年平均日照百分率 60%，年平均太阳辐射总量 5.29×10^5 J/cm^2。年降水量 633.5 mm，季节分布不均，夏季最多，占全年的 62.1%，春秋两季分别占全年的 13.7%和 20.4%。这样的气候条件，与张高水杏生产要求的温度、湿度、生长期等要求十分符合，为张高水杏的优良品质奠定了良好的基础。

1.2.4.8 英吉沙色买提杏干

英吉沙色买提杏干是新疆维吾尔自治区喀什地区特产，中国国家地理标志产品。艾古斯乡是色买提杏的原产地，为当地农民色买提在清顺治年间从中亚引进培育成功。之后，英吉沙县乌恰、龙浦、苏盖提、托普鲁、依格孜等水源充足的乡镇陆续引种，逐渐波及全县。1987 年，英吉沙县被国家农业部列入全国十大优质杏商品基地县之一；2001 年申请注册了“色买提杏”商标。

色买提杏果实为椭圆形，果面光滑无毛，成熟后呈金黄色，果实向阳面稍带红润，色泽亮丽，果肉橘黄色，离核，果实个大、肉厚、色鲜，肉质细软多汁，纤维少，富含人体所需要的多种维生素、蛋白质及微量元素，果肉香甜，品质上乘，有“冰山玉球”之美称，既是鲜食佳品，又可制干和加工成杏脯、杏原汁、杏酒、杏包仁、杏酱、杏仁奶；杏仁，甜有香味，杏核出仁率高达 35%，杏仁还含有维生素 B17，在国际市场非常看好；从杏仁中提取的杏仁油每克市场价高达 80 美元。

英吉沙色买提杏干果肉厚，几乎完整保持了新鲜色买提杏的甜香味。杏干色泽美观，酸甜突口，色、香、味俱全，保持了鲜杏的天然色泽和营养成分，生津止渴，营养丰富，含有丰富的纤维素和维生素 A，是干果精品。在杏子产区，杏干在冬季蔬菜较少的时候，成为蔬菜的替代品。

2009 年 7 月 10 日，原国家质检总局批准对“英吉沙色买提杏干”实施地理标志产品保护。

英吉沙，原名“英吉沙尔”，建县时定名为“英吉沙”县，意为新城。位于新疆维吾尔自治区西南部，地处昆仑山东北麓，塔里木盆地西缘，是南疆八大重镇之一。全县整个地形为西南高，东北低，地势由西南向东北倾斜。西部最高海拔为 2256 m，东部最低海拔为 1212.0 m，县城海拔为 1297.5 m，农区海拔在 1600.0 m 以下，山前丘陵区海拔 1643.0～2256.0 m。该县地处塔里木盆地西缘，昆仑山北麓，与帕米尔高原交接，是古丝绸之路的驿站。英吉沙县气候干旱少雨、温差大、日照强，年平均降水量 70 mm，年平均温度 11.5 ℃，年总日照时数为 2935 h，无霜期 223 d，≥10 ℃以上天数 204 d，≥10 ℃积温 4240 ℃·d，属典型的暖温带荒漠干旱气候。气候干热，光照时间长，光合有效辐射极高，光热资源匹配极佳，非常适宜色买提杏杏树的种植，为色买提杏种植和品质提升提供了有利的条件。英吉沙县独特的光热、水土等自然条件，由于光照时间长，果肉含糖量大，无论是鲜杏和杏干都是品质极佳。

1.2.4.9　蔚县杏扁

蔚县是全国最大的优质杏扁苗木生产基地、华北最大的杏扁生产基地。1995年，组建"蔚县杏扁经销总公司"。开发出了国内首条杏扁脱衣生产线，先后开发出了开口杏核、巧克力杏仁、香酥杏仁等12个系列高档休闲食品。目前，全县已拥有杏扁基地50万亩，其中挂果面积20万亩，主栽品种为"优一"和"龙王帽"，正常年景可年产杏扁仁300万kg，产值9000余万元。建成常宁、北水泉、黄梅、柏树等15个万亩以上重点栽培区，119个千亩以上杏扁基地村，覆盖90%乡镇60%以上的农业人口。

1.2.4.10　喀什巴旦木

巴旦木也称巴达杏、巴达木，其别名甚多，古时称偏桃、偏核桃、婆淡树，也有称"巴旦姆"，为维语音译词。世界上许多国家称"扁桃"。新疆巴旦杏是从古波斯(现今伊朗)传入。我国种植巴旦杏，从唐朝开始，已有一千三百多年的历史。在《酉阳杂俎》《岭表录异》有记载考证，唐书文中载：偏(扁)桃出波斯国，波斯呼为婆淡树。长五六丈，周四五尺，叶似桃而阔大，三月开花，白色。花落结实，状如桃子，而形偏，故为之偏桃。其肉涩不可啖，核中仁甘甜，西域诸国并珍之。

巴旦木含有丰富的植物油、蛋白质和许多种微量元素，主要用于治疗高血压、神经衰弱、皮肤过敏、气管炎、小儿佝偻等疾病。新疆巴旦木主要产于英吉沙、喀什市、疏附县、叶城县、莎车县各地。据说其品种有"五大家族"、40多个品种，仁儿有苦的，也有甜的，其中有一种薄皮的品种，其皮可以用手指剥开，仁儿的味更香。由于皮薄，好剥，所以维吾尔人称其为"卡卡孜巴旦木"，意即"纸皮巴旦木"。

1.3　杏树生长的环境条件

任何植物生长都与环境密切相关，杏树也是在自身漫长的发展过程中，形成了对环境条件的适应性。与其他果树相比，杏的根系深广，叶片较厚的角质层使杏具有较强的抗旱力和极强的抗寒力，休眠期能抗−30 ℃以下低温，在我国冬季严寒的黑龙江、吉林、内蒙古和新疆的北部杏树都能够正常生长结果；杏树适应性强，耐瘠薄，无论在平地还是山地或沙荒盐碱地都能种植杏树；杏树喜光但不耐涝，喜欢通透性强的土壤，定植当年生长正常的杏幼树，积水4 h就能造成死树；杏树结果早，易丰产，田间管理技术相对较为简单，果农便于掌握；杏自身的成活率相对比较高；杏树在种植过程中区域昼夜温差越大，其生产的果实质量越高。

1.3.1 温度条件

温度是环境条件中重要的生态因子。杏树喜温耐寒，对温度的适应性极强。树体在冬季休眠期，能抗－30 ℃的低温；夏季，在新疆吐鲁番盆地，气温高达 40 ℃，杏树仍然能够正常地生长发育。而年平均温度 5～12 ℃为杏树生长的适宜温度，因此我国的黄河流域以及西北和华北地区，是杏树分布的主要地区。

气温对杏花期的影响较大，首先，开花的早晚在很大程度上取决于 3 月气温回升的快慢，气温回升快且稳定时，杏树开花早。开花期平均气温一般在 8 ℃以上，适宜的温度为 11～13 ℃。若开花期气温偏低，会延长开花天数，阴雨天气还影响授粉受精，造成大量落花落果。其次，杏树的花器和幼果对低温很敏感，若在花期遇晚霜或寒潮，会造成花期冻害，一般表现为花瓣变色萎蔫，子房变褐脱落。受害的程度与低温的强度和持续的时间呈正相关，即低温强度大、持续时间长，冻害严重；低温强度小、持续时间短，冻害较轻。从花芽萌动到发育成幼果的每一个阶段内，杏树耐低温的能力不一样，一般花芽萌动期抵抗能力较强，盛花期次之，子房膨大和幼果期最弱。

另外，温度对果实的成熟期、着色度以及品质和风味等均有直接影响。温度高而稳定时，成熟期早，成熟度较一致，色泽鲜艳，果实含糖量高，风味浓；反之，气温低，果实风味和品质会相应降低，成熟期也会推迟。

1.3.2 水分条件

杏树是一种抗旱、耐瘠薄的深根性树种，可以深入土壤深层吸取水分，一般年降雨量为 400～600 mm 的地区，杏树即可正常生长发育，开花结果。杏树具有旱生化的叶片结构，有小而密的气孔，叶肉细胞小而且紧密，又有较高的栅栏组织与海绵组织比，所以，杏树对干旱少雨的气候条件有很强的适应能力。但是在杏树年生长周期内也有几个需水临界期。如开花期缺水，会缩短花期，降低花粉生命力，授粉受精不良，造成大量落花落果；新梢生长期气温较高，枝叶生长旺盛，需要大量水分，土壤中水分不足，容易造成过早停止生长；果实发育期缺水，果实个小，成熟提前，甚至还引起落果，影响树势和果实的产量及品质。我国北方地区，降水多集中在 7—8 月，早春干旱，因此生产中应注意一年中杏树生长前期水分的调节。

杏树抗旱但不耐涝，土壤水分过多或空气湿度过高，也会造成一系列不良影响。北京市熊儿寨乡 1990 年定植的杏园，由于雨季积水 2 d，使成片的杏树死亡。此外，花期阴雨天气，对授粉受精极为不利，减少坐果；果实发育后期雨水过多，不仅容易造成新梢旺长，争夺养分，而且会着色差、风味淡，有些品种甚至会造成裂果。如土壤积水，会引起早期落叶、烂根，甚至死亡。因此，杏园应注意雨季及时排水。

1.3.3 光照条件

杏树是极喜光的树种。若光照充足，则新梢生长旺盛，叶片大而浓绿，花芽充实，结实率高，丰产、优质。因此，树冠顶部和外围多表现为枝条充实，结果能力强；而内膛则因树冠郁闭造成光照较不充足，枝条生长相对细弱，结果能力弱。因此，栽培管理过程中应注意适当的栽植密度，并辅以合理修剪的栽培措施，以利杏园获得充足的光照，从而达到丰产优质的目的。

1.3.4 土壤和地势

杏树对土壤、地势的适应能力很强。除在通气性差的重黏土上，杏树在山地、平原、丘陵、沙荒地、旱地及盐碱地等条件下都能够正常生长，但产量却因土壤肥力的不同而有很大区别。在土层深厚、肥沃、通透性良好、有机质含量高的土壤条件下，杏树表现为树体高大，树势强健，丰产优质，连续结果能力强。杏树对地势的要求不严格，在35°以上的坡地、平地、河滩地，或在海拔1000 m以上的高山上都能正常生长。

1.4 杏生产中存在的问题

(1)品种布局不合理，早(极早)熟、晚(极晚)熟的品种少。杏由于成熟过于集中，加之不耐贮运，所以市场供应期非常短，很难形成杏果的周年供应。我国栽培杏的品种成熟期大多集中在5月下旬—7月中旬，鲜杏市场供应期在70 d左右，同一品种供应期不足20 d。也正因如此，杏果的提早上市或延迟供应具有极高的经济效益，所以杏的促成栽培、延迟栽培和冷链贮藏是鲜食杏今后的发展方向。

(2)花期幼果期易遭受晚霜冻害，急需培育抗晚霜、连续丰产性强的新品种。杏树是春天果树开花较早的一种，每年的3月开始开花，花朵和叶子同时长出，一般的年份花期开花量非常大，可以达到满树繁花，是最佳的授粉时间，4月中下旬开始坐果。大多数国内杏品种对倒春寒敏感，花器官和幼果易受冻害。近年来，自然灾害发生频率增加，2009年华北地区的冬春季低温、2018年的晚霜冻害，导致许多杏树遭受严重冻害，部分地区杏园减产严重，甚至绝收。因此，在杏树花期和幼果期做好防寒防冻的准备，培育抗晚霜冻害、连续丰产性强的新品种，是杏树产业健康发展的有力保证。

第 2 章

杏生产与气象及灾害防御

2.1 杏生长发育特点

杏树与其他核果类果树一样，属于当年花芽分化、翌年开花结果的果树，根据“杏树物候期观察”记载，杏先开花后展叶。

杏树的需冷量比较小，休眠期短，经过冬季休眠以后，遇到适宜温度，花芽就有萌动的可能。花芽萌动早晚，受温度、品种、树龄、地势等因素的影响，但起主导作用的是温度，当春季 5 ℃以上积温达到 30～50 ℃・d 时，或日平均温度 5 ℃以上的日数达到 6～9 d 时，花芽内各器官即开始缓慢地生长发育，并随着气温的升高，生长和发育速度逐渐加快。在一般年份(以河北中部为例)，花芽于 3 月中旬萌动，各品种的花芽萌动期在同一年份早晚相差 1～5 d。同一品种在不同年份，花芽萌动早晚差别很大，萌动最早的年份 3 月 1 日，最晚的年份 3 月 19 日，早晚相差 18 d。杏的叶芽萌动晚于花芽，一般年份在 4 月上旬萌动。各品种在同一年份早晚相差 1～6 d，同一品种在不同年份早晚相差 1～5 d，其相距长短主要与温度有关。

杏树自花芽萌动后，如果温度适宜，在较短的时期内即可进入初花期，如遇到低温，则需要较长时间才能进入初花期，通常为 15～33 d 不等。不同品种，杏树的初花期也不尽相同。各品种的初花期在同一年份早晚有所差别，同一品种在不同年份初花期早晚相差 4～10 d。

从初花至花谢经过的时间长短，受品种特性、气候、树龄以及管理条件等的影响。杏树从初花到盛花多数品种经过一天，少数品种或年份当天从初花进入盛花。如花期温度高、湿度低、树龄小，则开花期短；在气候正常的情况下，一般品种单花花期 2～3 d，全株花期 8～10 d，盛花期 3～5 d。

杏果实生长发育曲线呈双“S”形，可分为三个时期：第一期为果实迅速生长期，果实的重量和体积迅速增加，果核也迅速生长到相应的大小，这一时期幼果的大小为采收时果实大小的30%～60%。果肉细胞分裂主要集中于这一时期，这一时期果肉细胞数量的多少，决定着成熟时果实的大小。第二期为硬核期，果实增长变得缓慢或不明显，果核逐渐木质化，胚乳逐渐消失，胚迅速发育。这一时期持续的长短品种间差异不大，一般早、中熟品种4月下旬果核开始发育，5月中旬形成，5月下旬木质化。硬核期持续10 d左右，晚熟品种持续15 d左右。第三期为果实第二次迅速生长期，果肉厚度迅速增加，果面逐渐变得丰满，果面底色明显发生变化并最终显示出各品种所固有的色泽。此期果实增重占总果重的40%～70%。这一时期持续长短品种间差异较大，早熟品种18 d左右，中熟品种28 d左右，晚熟品种40 d左右。杏各品种果实的成熟期，在同一年份里早晚差别很大，早熟品种在6月上旬就成熟，果实发育期在60天左右，中熟品种于6月中下旬成熟。

2.2　气象条件对杏树生长发育的影响

2.2.1　温度条件

杏树抗寒且耐高温。杏树每个发育阶段对温度的要求不同。一般情况下，华北地区当日平均气温达到5 ℃以上时，开始发芽；开花期在3月中下旬至4月上旬，较适宜的温度为8～11 ℃；4月上中旬为幼果期，较适宜的温度8～11 ℃；4月下旬至5月中旬，进入果实膨大期，较适宜的温度11～18 ℃；5月中下旬，果实达到硬核期，较适宜的温度16～20 ℃；6月上旬，为果实着色期；6月上旬—7月上旬，为果实成熟期。

辽宁省干旱地区造林研究所的研究表明：辽西地区在－1.0～－1.5 ℃的低温情况下，就可以冻死已解除休眠的杏树花芽。根据“影响大杏扁产量的主导气象因子调研”，杏树在年生长周期中需要≥10 ℃有效积温2500 ℃·d以上，生物学零度为2.71 ℃，花期有效积温为90 ℃·d以上，花芽膨大至初花期≥10 ℃有效积温150 ℃·d、日均气温≥10 ℃连续出现5～6 d，同时最高气温达20 ℃时花开放，果实发育至成熟的有效积温820 ℃·d。

2.2.2　水分条件

杏树根系深广，可以深入土壤深层吸取水分。杏树具有旱生化的叶片结构，有小而密的气孔，叶肉细胞小而且紧密，又有较高的栅栏组织与海绵组织比，所以，杏树对干旱少雨的气候条件有很强的适应能力。杏树耐旱,但年周期中也有几个需水临界期。如在开花期缺水,会缩短花期,降低花粉生命力,授粉受精不良,造成大量落花落果。新梢生长期气温较高,枝叶生长旺盛,需要大量水分,土壤中水分不足,容易造成过早停止生长。果实发育期缺水,果实个小,成熟提前,甚至还引起落果。杏树抗旱但不耐涝,土壤水分过多或空气湿度过高,也会造成一系列不良影响。花期阴雨天气对授粉受精极为不利,会减少坐果量。果实发育后期雨水过多,不仅容易造成新梢旺长,争夺养分,而且会使着色差、风味淡,有些品种甚至会造成裂果。如土壤积水,会引起早期落叶、烂根,甚至死亡。

一般情况下降水量的多少决定干旱程度,直接影响产量。杏树在年降水量400~600 mm范围内能正常生长结果,一般花期及幼果期(4—5月)累计降水量在≥30~50 mm以上则预示丰年,<30 mm则预示歉收。开花到枝条第一次生长停止(4—6月)需100 mm以上的降水量。7—9月雨量充沛有利花芽形成,为下年结果丰产奠定基础。

2.2.3 光照条件

杏树为喜光树种,一般要求年日照时长在2500~3000 h。在光照充足的条件下生长良好,光照不足则枝条发育不充实,败育花增加。成龄树光照不足时内膛光秃,结果部位外移。所以生产上应合理密植,重视整形修剪,改善树体结构,保证充足的光照,有利于树体正常发育。

2.3 杏树常见灾害及其防御

2.3.1 气象灾害及防御措施

杏树在生长期内易受霜冻、冰雹、高温天气影响,其中有70%~80%的概率在花期遭受冻害,10%~20%的概率在幼果期遭受冻害。杏果在成熟期还可能受高温影响,出现“日灼”现象。

2.3.1.1 晚霜冻害

杏树耐寒性较强,但杏树是开花最早的落叶果树,早春气温变化幅度较大,倒春寒发生较为普遍,严重影响和制约了杏产业的发展。杏树花期气温变化大,特别是北方杏产区,3—4月经常会不同程度地遇到寒流和大风降温天气,当气温低于杏花、幼果能耐受的临界温度时，对杏树的花芽、花朵以及幼果等组织造成不同程度的冻害，冻害严重时花朵枯萎，主枝、主干冻伤。当开花时遇到倒春寒，雌蕊和雄蕊耐寒性最差，极易造成伤害，表现为变褐、干枯，子房变黑，不利于正常授粉、坐果；当坐果后遭遇春寒，受害较轻时，幼胚变褐，但果实仍为绿色，以后逐渐脱落，受害较重时则全果变褐并很快脱落，受害后即使保留下来的果实也容易形成畸形果，导致减产，严重时绝收。例如，2001 年 4 月 9—12 日、19—22 日，河北省中南部经历 2 次降温过程，杏树受害率高达 40%～100%，造成严重减产。2003 年 3 月 4—6 日连续 3 d 最低气温骤降至−5 ℃以下，且伴随着霜冻和结冰，新疆莎车县巴旦杏正处于花芽开放和花蕾显现时期，气温的骤然下降和霜冻结冰天气使得花蕾大量脱落，造成减产。2018 年 4 月 6—7 日，陕西、山西、河南北部、河北北部、内蒙古西部等地发生了 50 a 一遇的低温冻害，导致杏树等果树大面积受冻，减产 30%以上，直接经济损失达 300 亿元以上。2020 年 4 月中下旬在甘肃、河北、宁夏、新疆等北方杏产区，特别是河北张家口、宁夏固原等地先后遭受了较为严重的倒春寒，造成杏减产和绝收，农民的收益受到极大损失。其中，2020 年 4 月 11—12 日宁夏固原市原州区最低气温−10 ℃且持续 2 d，鲜食杏、山杏花受损严重(50%以上)；4 月 24 日，气温−20～−10 ℃，幼果期又遭受晚霜冻害，致使当地杏产区山杏、仁用杏、鲜食杏均遭受严重冻害，绝大部分绝收。

杏树花和幼果受冻后表现症状如下：

① 花冻害症状：一般会使花柄、花托、花瓣、雄蕊、雌蕊等器官受冻。花柄受冻，轻者稍有萎蔫，重者下垂；花托受冻，萼片脱皮，内部有结冰水；花瓣受冻，两表皮分离，内有水分结晶；雌蕊受冻，柱头变黑，花柱萎蔫，子房收缩，失去生命力；雄蕊受冻，花药变黑，花丝变软下垂，无生命力；没开放的花蕾受冻，表现为花柄萎蔫，花蕾受冻较轻。

② 幼果的冻害症状：果实幼小时，如遇低温天气，表皮发生褐变，果实停止生长且发生萎蔫。通常情况下，幼果一旦发生冻害，则无产量。

杏树晚霜冻害是杏树种植期间常常会遇到的问题之一，应做好杏树晚霜冻害的预防措施：

(1)选择合理地址、合适树种，科学建园

在山区坡地建园要求背风向阳，平地建园要求地势平缓、水肥条件较好。尽量避免低洼地、阴坡及冷空气滞留的沟底和风口建园。新疆、内蒙古等春季风沙大的西北地区在园区周边建造防护林带。在低温晚霜频发的地区种植杏树，应该选择花期晚、抗寒性强的杏品种，以避开霜期，适应低温环境，减轻晚霜的危害，这是最直接有效的防御措施。

(2)密切关注天气预报，科学防范

在杏树成蕾后和即将开花时，时刻关注天气预报，遇到天气变化即倒春寒来临前应及时积极采取应对措施，以避免或减轻霜冻、冷害对杏树树体和花果造成的危害。如：加强树体和土壤管理，增强树势，提高花芽的充实饱满程度和对低温天气的抵抗能力；做好整形修剪，控制病虫害的发生，合理施有机肥，加施磷钾肥，保证树体健壮，促进枝条成熟，可提高果树的抗寒、抗冻能力。低温来临前对全园灌水，不仅可以补充树体水分，而且可以增加空气湿度，降低地面辐射，提高露点温度，特别是在萌芽前灌溉，一般可推迟花期 2～3 d，以避开寒流，尽可能降低霜冻危害。低温来临时，进行全园熏烟，可使果园内气温升高 2 ℃以上，驱散或减少冷空气下沉，起到预防和避开低温的作用。

（3）及时采取补救措施，减少冻害损失

杏树花期遭遇轻微低温霜冻时，花粉活性降低，授粉效果较差，坐果不良，因此，对冻害程度较轻的杏园采取人工辅助授粉，并喷施 0.2%～0.3%硼砂＋0.3%～0.5%尿素混合液，可提高坐果率；果园放蜂能有效提高杏树的坐果率，但当气温低于 15 ℃时，蜜蜂飞行传粉活力降低，会大大影响蜂群对杏花的授粉效果。为刺激蜜蜂采集杏花粉的积极性，可在开花期对花朵喷 0.3%～0.6%蜂蜜水或 0.6%～1.0%白糖水，能显著提高蜜蜂授粉效果，提高坐果率。发生冻害后，果园可结合浇水及时施肥，也可叶面喷施氮肥（含锌）等速效营养元素，促进杏树生长，力争保住没受冻害的花果，取得一定产量；同时补充营养元素，可增加光合作用效能，促使叶面制造充足养分，以利于树势迅速恢复，促进树体正常生长。

2.3.1.2 冰雹

冰雹灾害是由强对流天气系统引起的一种剧烈的气象灾害，它出现的范围虽然较小，时间也比较短促，但来势猛、强度大，并常常伴随着狂风、强降水、急剧降温等阵发性灾害性天气过程。冰雹在夏季或春夏之交最为常见，尤其是北方的山区及丘陵地区，地形复杂，天气多变，冰雹多，受害重，对农业危害很大，尤其对处于幼果期和果实膨大期的果树，危害更甚。如 2017 年 6 月 13—14 日，新疆部分地区出现短时强降雨、大风、冰雹等强对流天气过程，引发风雹、洪涝灾害，造成杏树、葵花、打瓜、辣椒、玉米等农作物受灾。2021 年 6 月 1 日河北张家口市遭受百年不遇的冰雹灾害天气，导致杏果出现黑疤，品相较差，表皮受到伤害后，遇到雨天，雨水会从杏的黑疤处进入到果肉，导致杏果腐烂变质，减产严重。

冰雹过后，应尽快采取措施，加强管理，养树壮树，恢复树势，为来年优质丰产打好基础。

（1）及时清理残枝落果

迅速清理果园内落叶、落果，剪除被打折断的树枝、新梢和一部分表皮与木质部整体脱离的 1～2 a 生枝。对伤疤过多、较重，影响后期发育的果实要坚决摘除，对受伤较轻的果实可适当保留。灾后及时疏除雹伤严重的残次果，以节省养分，尽快恢复树势。

（2）防腐防病，做好伤口修复

雹灾过后，应及时剪除折断的枝条，对于雹伤密度大、破皮重、无法恢复的枝条要从基部或完好处剪掉，多留雹伤轻的发育枝或枝组，避免造成大伤口；剪过后剪口要涂封愈合剂，防止干腐病发生；根据树形需要适当保留新萌发的枝条，以补断枝的空缺，其他扰乱树形的萌条和树基部的萌条全部疏除。

（3）全园喷药，预防雹后病害

雹灾后早期落叶病等病害滋生蔓延快，必须对受害果园全面喷洒一遍内吸性杀菌剂，避免病菌侵染，增强树体抗病能力。受灾较重的果园应间隔 10～15 d 后再喷 1 次。另外，冰雹给腐烂病菌造成可乘之机，对受害较重的主干、主枝刮除烂皮，涂抹药剂进行治疗；如病斑大于枝粗 1/2，建议彻底锯除。

2.3.1.3 高温日灼

夏季日灼常常在干旱的天气条件下产生，其实质是干旱失水和高温的综合危害，主要危及杏树果实和枝条的皮层。由于水分供应不足，植物的蒸腾作用减弱，在灼热的阳光下，果实和枝条因向阳面剧烈增温而遭受伤害，受害果实出现淡紫色或淡褐色的干焰斑，严重时表现为果实开裂、枝条表面出现裂斑。

防治日灼，关键就是降低温度，可通过以下措施来实现。

（1）改变果园小气候，提高土壤含水量

通过增强果园蒸腾作用和提高空气相对湿度的途径来降低果实表面温度，进而减少日灼的发生。夏季干旱时，应在叶片萎蔫前及时灌水，保证叶片含水量。在日灼发生时，应及时采取喷灌等浇水措施，增加空气湿度，提高土壤含水量，保证水分供给，降低叶片果实表面温度，减少日灼发生。

（2）果园生草，减少果园土壤水分蒸发

种植适宜的草种可减少争夺水分对果实造成的不利影响，降低果园地表气温，减少果园土壤水分蒸发，避免日灼的发生。

（3）合理疏花疏果，提高果实自然遮阴率

春季疏花疏果时有意识地多留树体中下部果实，少留上部果；多留内膛果，少留外膛果；多留北部阴面果，少留南面向阳果。生长季加强水肥管理，使其枝繁叶茂，增加叶片对果实的遮阴率，避免阳光直射果实。

（4）引导果农增强风险意识，积极参加果树保险

通过提前参加果树灾害保险，在遭受霜冻、冰雹、高温日灼等自然灾害时，能够得到一定的经济补偿，从而降低生产风险，减少经济损失，提高果农抵御自然灾害的能力。

2.3.2 病害及其防治方法

杏树主要病害有杏疔病、杏褐腐病、杏疮痂病、杏细菌性穿孔病、杏瘤病、流胶病

和杏叶焦边病等。

2.3.2.1 杏疔病

杏疔病又称杏膨叶病、肿叶病、红肿病、叶枯病、杏黄病，属真菌病害，被害新梢生长停滞，节间缩短，叶片卷曲变厚变色，最终干缩在枝条上。分生孢子借风雨而传播，新梢长至10～20 cm时发病。在我国北方杏产区发生比较普遍，是杏树的重要病害之一。杏疔病主要危害新梢、叶片，也可侵染花和果实。发病严重时，叶片大量枯黑，新梢坏死，损失较大。

新梢染病后，生长缓慢，节间短而粗，叶片簇生。病梢表皮开始为暗红色，后变为黄绿色，其上出现黄褐色突起的小粒点。

叶片先从叶柄开始变黄，沿叶脉向叶片扩展，最后全叶变黄，叶肉增厚，比正常叶厚4～5倍，呈硬革质状，病叶正反两面布满褐色小粒点。6—7月间病叶变成红褐色，向下卷曲，遇雨或空气潮湿时，从分生孢子器中涌出桃红色黏液，内含大量分生孢子，干燥后常黏附在叶片上。此时叶柄基部肿胀，短而粗，两个小托叶上也生有小粒点，可涌出红色黏液，黄叶渐变为褐色、卷曲折合而干枯。后期病叶逐渐干枯，变成黑色，质脆易碎，叶背散生小黑点。冬季，病叶成簇残留在枝上，不易脱落。

花被侵染后花萼肥厚，花蕾增大，不易开放，花萼和花瓣不易脱落。果实染病后生长停滞，果面上有淡黄色病斑，其上散生红褐色小粒点，后期干缩脱落或挂在枝上。

防治方法：

(1)及时剪除病枝烧毁，连续几年可消灭此病。

(2)早春萌芽前喷布波美5°石硫合剂可有效地防治此病。

2.3.2.2 杏褐腐病

杏褐腐病主要危害果实，同时也侵染花和叶片，果实从幼果到成熟期均可感病。发病初期果面出现褐色圆形病斑稍凹陷，病斑扩展迅速，变软腐烂。后期病斑表面产生黄褐色绒状颗粒，呈轮纹状排列，即为病菌的分生孢子梗和分生孢子，病果多早期脱落。具体防治方法如下：

(1)合理修剪，适时夏剪，使果园通风透光。

(2)冬季清理并集中烧毁病果及落叶，以消灭病源。

(3)在杏树芽萌动前，可以喷施1∶1∶100波尔多液等，在落花以后，需要立即喷施80%代森锰锌800倍等，以后每隔10～14 d喷一次70%甲基托布津(600～800倍)或75%百菌清可湿性粉剂(500～600倍)或50%多菌灵可湿性粉剂(600倍)。

2.3.2.3 杏疮痂病

杏疮痂病主要危害果实和新梢，幼果发病快而重，染病果多在肩部产生淡褐色圆形斑点，直径2～3 mm，病斑后期变为紫褐色，表皮木栓化，发病严重时常多个小病斑连成一片，但深入果肉较浅。新梢上的病斑褐色，椭圆形，稍隆起，常发生流胶。

防治方法：

(1)在发病初期，及早剪除病果、病枝并集中销毁。

(2)降低湿度，可减轻发病。

(3)芽前喷施3～5波美度石硫合剂，开花后喷施65%代森锌可湿性粉剂500～600倍液。

2.3.2.4 杏细菌性穿孔病

杏细菌性穿孔病主要危害叶片，也危害果实和新梢。叶片受害后，病斑初期为水渍状小点，以后扩大成圆形或不规则形病斑，直径约2 mm，周围似水渍状，略带黄绿色晕环，空气湿润时，病斑背面有黄色菌脓，病变组织交界处发生一圈裂纹，病死组织干枯脱落，形成穿孔。

具体防治如下：

(1)多施有机肥，合理修剪，使果园通风透光。

(2)结合冬剪剪除树上病枯枝。

(3)发芽前，全树都需喷施5波美度石硫合剂等药剂，有利于消灭越冬病源；在生长季节，应喷施硫酸锌石灰液，或是65%代森锌(500倍)等，每隔10 d左右喷一次。

2.3.2.5 杏瘤病

该病会危害杏树的花与果实、新梢及叶片。通常情况下，病状出现在落花以后且新梢生长至15 cm以上时。具体症状表现为受害嫩梢伸长迟缓，开始为暗红色，后转为黄绿色，且上面产生黄褐色微微突起的小点，病梢易干枯，其上所结的果实多干缩、脱落。

防治方法：当新梢或叶片开始出现病症时，应当及时剪除并集中烧毁，以消灭病源。这样连续2～3 a，病情基本可以得到控制。

2.3.2.6 流胶病

流胶病主要发生于枝干和果实上，是一种综合性病害，既有真菌侵染，也有细菌危害，凡能造成树体伤口的因素都会引发流胶病。被害部下皮层及木质部常被腐生菌侵染，后腐烂成褐色，早春树液开始流动，采果后及降雨后病情加重。流胶严重的树枝干细弱，叶片变黄，甚至早期落叶，进一步削弱树势。

防治方法：合理使用农药，及时排水松土，树干涂白，及时防治蛀干害虫可预防此病发生，早春喷布5波美度石硫合剂，或在发病处涂40%福镁砷50倍液可控制此病。

2.3.2.7 杏叶焦边病

病因不明。在土壤含盐量高的地区和干旱地区，管理粗放、缺乏耕作的杏园发病严重。常于5月下旬—6月中旬发病，具突发性，病叶焦枯呈火烧状，严重时树叶落光，导致二次开花，严重削弱树势，常造成死树。

防治方法：选用抗病品种，加强肥水管理，增施有机肥料，树盘覆草、行间耕作及更新修剪均可显著地减轻症状和减少此病的发生。

2.3.3 虫害及其防治方法

杏树的常见主要害虫有杏仁蜂、桃小食心虫、天幕毛虫、大青叶蝉、扁刺蛾、红颈天牛以及杏球坚蚧、杏星毛虫、杏象鼻虫和小木蠹等。

2.3.3.1 杏仁蜂

危害表现：主要幼虫在落杏核内或在枝条上的杏核内越冬，雌成虫在核皮与杏仁之间产卵，果面的产卵孔不明显，稍呈灰绿色，凹陷，有时产卵孔有杏胶流出，卵期约 10 d。孵化的幼虫在核内食害杏仁，造成大量落果，大约在 6 月上旬老熟，即在杏核内越夏越冬。

防治方法：①捡拾落果，摘除树上果，集中深埋或烧毁，消灭越冬幼虫；②进行深翻深耕土地（深度要求 15.0 cm）将虫果翻入土下，使成虫不能羽化出土（幼虫在 3.5 cm 深的土层中仍能正常羽化出土）；③在加工杏仁时，将水选出的虫核集中烧毁；④5 月上旬成虫羽化盛期喷洒 90%晶体美曲磷酯（1000 倍）液。

2.3.3.2 桃小食心虫

危害表现：主要以幼虫危害果实，幼虫孵化后，咬破果皮蛀入果内纵横穿行取食，直达果心，受害果内堆积虫粪，苦而不能食用。

防治方法：①越冬幼虫出土前，在树盘内洒施 50%杀螟松乳油（2000 倍）液，然后深翻；②摘除病果，并随时处理掉；③幼虫集中孵化期，叶面喷 2000 倍 50%甲基 1605 乳油或 1500～2500 倍杀灭菊酯；④用桃小食心虫性诱芯或黑光灯诱杀成虫。

2.3.3.3 天幕毛虫

危害表现：主要以幼虫取食嫩芽、新叶，大量发生时，能将全树叶片吃光，影响花芽分化和翌年坐果。

防治方法：①结合冬剪，剪去卵块烧掉；②幼虫刚孵化出来时，将其群居的叶片轻轻摘下，集中消灭；③叶面喷洒 50%敌敌畏（1000 倍）液或 40%乐果（1000 倍）液杀灭食叶幼虫。

2.3.3.4 大青叶蝉

危害表现：主要以成虫、若虫吸食叶片的汁液危害。秋末产卵时，以产卵器割开果树枝干的表皮，造成被害枝遍体鳞伤，导致树体过分失水。

防治方法：①对越冬卵量较大的果树，特别是幼树，用木棒挤压卵窝，消灭越冬卵；②注意清除田间杂草，减少中间寄主；③成虫及若虫发生时，叶面喷 50%敌敌畏（2000 倍）液或 40%澳氰菊酯乳油（2000 倍）液。

2.3.3.5 扁刺蛾

危害表现：主要以幼虫啃食叶片造成危害。幼龄时，只在叶背面啃食叶肉，残留下叶脉等，长大后，则将全叶吃掉。

防治方法：①消灭在树盘中，特别是主根根颈下的越冬虫茧；②幼虫发生时，叶面喷 50%敌敌畏（800～1000 倍）液或 40%澳氰菊酯（2000 倍）液。

2.3.3.6 红颈天牛

危害表现：主要以幼虫蛀食枝干表层，直接影响生长，严重者造成枝干整树枯死。

防治方法：①成虫发生前，于树干或大枝上涂抹白涂剂（生石灰∶硫黄粉∶食盐∶水为 10.0∶1.0∶0.2∶40.0），防止成虫产卵；②成虫发生期间，人工捕杀成虫；③幼虫危害期间，用铁丝将幼虫捅死。

2.3.3.7 杏球坚蚧

危害表现：主要以雌成虫或若虫群集固定在枝干上吸食汁液危害。造成树势衰弱或枝条死亡干枯。

防治方法：①在成虫蚧壳已形成，虫卵未孵化之前，刮除雌虫；②若虫孵化期喷洒 0.2 波美度石硫合剂或 50%敌敌畏（1500 倍）液。

2.3.3.8 杏星毛虫（夜猴子）

危害表现：主要以幼虫咬食嫩芽、花蕾和幼叶造成危害，突发性强，杏花期前后危害最烈。

防治方法：①早春刮树皮，涂白可有效消灭越冬幼虫；②树干绑草把诱杀下树幼虫，白天在根颈周围地面上搜捕下树幼虫，喷布 800～1000 倍马拉硫磷可杀灭此虫。

2.3.3.9 杏象鼻虫（杏象甲）

危害表现：主要以成虫咬食嫩芽和花蕾继而在幼果上产卵，咬伤果柄，造成大量落果。

防治方法：①早春翻树盘可消灭越冬成虫；②危害期清晨振树捕杀落地成虫，拣拾落果集中销毁；③喷布 15%亚胺硫磷 500 倍液可杀灭此虫。

2.3.3.10 小木蠹（串皮虫、小蠹虫）

危害表现：主要以成虫和幼虫蛀食杏树输导组织并造成流胶，严重削弱树势，造成枝枯树死，以多毛小蠹为主要种群。

防治方法：①清除杏园中枯死树和枯枝集中烧毁，可杜绝虫源；②刮树皮、涂白防止成虫产卵；③对已遭蛀蚀的杏树，用高压注射器向树干内压注氧化乐果等杀虫剂，用药量（mL）与树干周长（cm）相等；④用桃康 10 倍液涂干可杀灭成虫；⑤保护和放养扁谷盗等天敌可抑制此虫蔓延。

第 3 章

鲜食杏主要气象灾害监测及风险评估

3.1 实验法确定杏树花期和幼果期冻害指标

3.1.1 活体低温控制试验及冻害指标

在全国鲜食杏最大的生产基地——河北巨鹿，开展了 3 a 杏树春季低温控制试验，整理分析了花期和幼果期试验数据，分析杏树花期和幼果期关键致灾因子，揭示致灾机理，进而构建杏树花期和幼果期低温冻害指标。

3.1.1.1 研究区概况

巨鹿县位于河北省南部、邢台中心区域，地处黑龙港流域，是国家扶贫开发工作重点县。县域总面积 631 km^2，耕地面积约 42667 hm^2。巨鹿县杏树栽培已有 300 多年的历史，种植面积 4300 多公顷，年产量 50000 多吨，产值近 2 亿元，是全国最大的鲜食杏生产基地。杏树抗逆性强，结果早，果实发育期短、品质好，经济寿命长，是该县的主要种植树种。同时杏树对提高农民收入、改善生态环境效果较好，但杏生产仍存在产量不稳定的问题。其主要原因是杏花芽休眠期短，春季萌芽及开花较早，易受晚霜危害，经常给杏的品质、产量带来巨大的影响。该县栽培的品种有“红丰”“金太阳”“麦黄”“凯特”“水白”“大红”“串枝红”等多个品种，其中“串枝红”为主栽品种。“串枝红”果个大、色艳、离核，可溶性固性物含量高，酸甜可口、风味独特，且耐储运，是鲜食加工俱优品种。

3.1.1.2 低温控制试验设计

(1)试验设计

为揭示杏树盛花期、幼果期对不同低温条件的响应程度，选择树龄在 5～10 a 结果盛期的巨鹿鲜食杏生产园，在 2020—2022 年开展了为期 3 a 的杏树活体低温控制试验，主要试验品种为“串枝红”，辅助试验品种为“金太阳”。“串枝红”原产于河北省巨鹿县孔家寨、柴尚庄，已有300多年的栽培历史，2000年被农业农村部定为优异种质资源，为河北省栽培面积最大的杏树品种。河北省各县以巨鹿县种植规模最大，为0.34万 hm^2，产量4.75万t。“串枝红”3月下旬盛花，果实6月下旬成熟，果实发育期为90 d。

2020年完成了杏树幼果期试验，2021年和2022年完成了花期和幼果期试验。随着试验的开展，对杏树耐受低温的温度范围有了大致了解，2021年的低温试验方案根据2020年幼果期的试验情况进行了完善与调整，提高了杏树花期和幼果期低温控制的针对性，缩小了低温处理范围，并对低温控制间隔进行了加密处理。2022年在2021年试验的基础上又做了调整，增加了变褐后恢复情况的记录。

分别在杏树盛花期和幼果期选择低于2 m高度的代表性枝条，做好标牌。试验时将杏树活体枝条安放到便携式恒温控制仪内（图3.1），设置温控箱的目标温度值，自动记录控温开始时间和逐分钟的箱内温度值；当控温持续时间达到设定目标后，将枝条从温控箱内移开。同一个低温强度，3台仪器同时进行，视为3个重复。试验设置的低温强度和持续时间见表3.1。

图3.1 便携式RR—CTC102C恒温控制仪

表3.1 低温控制试验处理

低温/℃	盛花期 持续时间/h			幼果期 持续时间/h		
0.0	1	2	3	1	2	3
−0.5	1	2	3	1	2	3
−1.0	1	2	3	1	2	3

续表

低温/℃	盛花期 持续时间/h			幼果期 持续时间/h		
−1.5	1	2	3	1	2	3
−2.0	1	2	3	1	2	3
−2.5	1	2	3	1	2	3
−3.0	1	2	3	1	2	3
−3.5	1	2	3	1	2	3
−4.0	1	2	3	1	2	3

(2)试验时间

在巨鹿杏树试验基地开展的 3 a 低温控制试验，因不同年份杏树开花和幼果期的发育时间不同，根据杏树发育进程开展低温控制试验，并观察记录杏树花期和幼果期低温控制试验后花和果的变化，如变褐、脱落、产量、品质等。

2020—2022 年杏树活体低温控制试验处理时间各异。2020 年从 4 月 3—8 日开展杏树幼果期活体低温控制试验，控制试验结束之后观测杏果形态变化及落花落果情况，直到成熟(7 月 7 日)，并在成熟期测定杏果的品质。2021 年杏树活体花蕾期低温控制试验从 3 月 8 日开始持续到 3 月 19 日，活体幼果低温控制试验从 4 月 5 日开始，持续到 4 月 19 日，花期和幼果期控制试验结束之后，分别观测杏花、杏果形态变化及落花落果情况，直到成熟(6 月 28 日)，并测量杏果品质。2022 年杏树活体花蕾期低温控制试验从 3 月 19 日开始，幼果期从 4 月 8 日开始，4 月 19 日结束，低温处理后，持续观测杏花、幼果的外观形态及落花落果情况，并详细记录，直到成熟收获期，测定杏果产量和品质。

(3)观测项目

花期低温控制试验主要观测花朵总数、花瓣褐变数、雌蕊褐变数、花脱落数；幼果期低温控制试验主要观测幼果总数、幼果褐变数、幼果脱落数。由于低温处理后冻害的外观表现有延迟现象，须等冻害的特征明显后(处理 7～8 h)开始观测。每组控制试验后，分别于低温处理结束后的 8 h、24 h，观测并记录低温处理下花和幼果冻害及恢复情况。并做好对照组的观测记录(所有记录拍照存档，做好文件名标注)。

3.1.1.3 试验结果

(1)发育期

2020—2022 年巨鹿的两个品种(“串枝红”和“金太阳”)发育期(表 3.2)，从表 3.2 中可见，2020 年和 2022 年各个发育期基本接近，2021 年偏早 2～5 d。

表 3.2 2020—2022 年杏树不同品种发育期

年代	品种	大蕾期(月-日)	初花期(月-日)	盛花期(月-日)	幼果期(月-日)	收获期(月-日)
2020 年	金太阳	3-14—3-16	3-14—3-16	3-18—3-20	3-27—3-31	5-25
	串枝红	3-16—3-18	3-17—3-19	3-21—3-25	3-28—3-30	6-20
2021 年	金太阳	3-8—3-10	3-11—3-13	3-15—3-17	3-30—4-15	5-20
	串枝红	3-11—3-13	3-15—3-17	3-18—3-20	4-5—4-20	6-23
2022 年	金太阳	3-10—3-13	3-17—3-18	3-19—3-21	3-30—4-15	5-23
	串枝红	3-15—3-18	3-19—3-21	3-23—3-26	4-10—4-20	6-22

(2)低温处理下杏树表观形态特征

每个低温控制试验开始前,都记录被处理枝条的杏花及幼果数量,并拍照留存,并于低温处理后的不同时间(如 8 h、24 h、48 h、2 d、4 d 等),拍摄被处理枝条的形态特征,记录杏花和幼果的脱落数量和褐变率等数据。表 3.3 和表 3.4 分别是以 2021 年杏树花期、幼果期低温处理为例,展示低温处理对杏花和幼果的影响程度。

(3)产量数据

2020 年一棵杏树的产量在顺平县大约 75 kg,在巨鹿县大约 150 kg。2021 年由于气候的特殊性,杏树坐果率普遍偏低,花果数为近年同期最少,亩产大部都低于 1000 kg。从杏树品种产量来看,试验地的“串枝红”、水白杏受影响较大,单棵产量低于 25 kg,亩产量低于 1000 kg,是历年产量的一半,也是近几年最低的一年;“金太阳”、麦黄杏等受影响较小。常规观测条件下,受影响小的杏树坐果率在 10%～20%,受影响大的杏树整个枝条看不到几个果实,坐果率小于 5%。每棵树产量与树龄关系较大,树龄短的产量为 50 kg 左右,树龄长的每棵产量在 100～150 kg。2022 年金太阳杏单棵产量 35～45 kg,亩产 1000 kg 左右;2022 年水白杏单棵产量 10～15 kg,亩产 350 kg 左右;2022 年串枝红杏单棵产量 40～50 kg,亩产 1200～1300 kg。

(4)品质数据

表 3.5—表 3.7 为 2020—2022 年杏果品质数据。从 2020 年(表 3.5)的品质测定来看,正常果实随着成熟度增加,糖酸比增加,导电率降低。从 2021 年(表 3.6)可以看到,“串枝红”品种的糖度、酸度、糖酸比、BRIX 在温度处理与自然状况下之间的差距或规律性不太明显,糖酸比呈现出温度高糖酸比大,温度低糖酸比小(除−0.1 ℃的情况之外)。从 2022 年(表 3.7)可以看到,“串枝红”的糖度、酸度、糖酸比、BRIX 在温度处理与自然状况下之间的规律:未处理的糖度偏高,处理的温度越高糖度越高,糖酸比处理的与不处理的规律不明显,导电率不处理的明显偏低。

表 3.3　2021 年杏树花期低温处理及表现

处理日期	处理时长/h	处理温度/℃	杏花形态特征及花朵数				褐变率/%
			观测前	24 h 后	48 h 之后	4 月 7 日	
3 月 16 日	2	−0.55	 28 朵花	 28 朵花无变化	 28 朵花无变化	 坐果 6 个，坐果率 21%	0
	2	−1.71	 14 朵花	 14 朵花	 14 朵花，其中 3 朵变褐	 坐果 4 个，坐果率 29%	21
	3	−0.41	 15 朵花	 15 朵花	 19 日剩 3 朵花	 坐果 1 个，坐果率 7%	脱落率 80%
	3	0.61	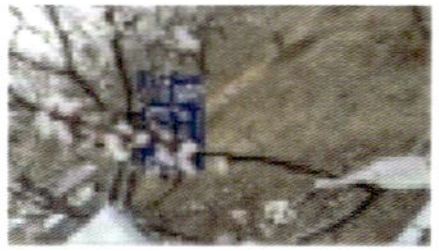 15 朵花	 15 朵花无变化	 15 朵花无变化	 坐果 0 个	0

续表

处理日期	处理时长/h	处理温度/℃	杏花形态特征及花朵数				褐变率/%
			观测前	24 h后	48 h之后	4月7日	
3月17日	1	−3.45	 81朵花	 19日部分变褐	 22日变褐79朵	 坐果15个，坐果率19%	98
	1	−2.27	 21朵花	 19日部分变褐	 22日全部变褐	 坐果3个，坐果率14%	100
	3	−0.95	 21朵花	 19日21朵花无明显变化	 22日6朵变褐	 坐果4个，坐果率19%	29
	3	−1.88	 28朵花	 19日28朵花无明显变化	 22日17朵变褐	 坐果9个，坐果率32%	61

续表

处理日期	处理时长/h	处理温度/℃	杏花形态特征及花朵数				褐变率/%
			观测前	24 h后	48 h之后	4月7日	
3月18日	1	−2.47	 22朵花,部分褐变	 19日21朵花	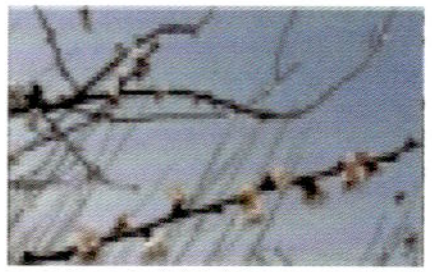 22日20朵变褐	 坐果0个	95
	1	−2.39	 28朵花,部分褐变	 19日28朵花无明显变化	 22日6朵变褐	 坐果10个,坐果率36%	21
	1	−3.12	 61朵花,部分褐变	 19日61朵花无明显变化	 22日58朵变褐	 坐果21个,坐果率34%	95

表 3.4　2021 年杏树幼果期低温处理及表现

处理日期	低温时长/h	处理温度/℃	试验前	试验 8 h 后	试验 24 h 后	试验后	试验后
4 月 9 日	2	−2.35	 4 月 9 日 17 果	 4 月 9 日 17 果	 4 月 9 日受冻特写	 4 月 10 日部分干瘪	 4 月 12 日 11 果变褐 5 月 6 日余 0 果
	2	−1.45	 4 月 9 日 17 果	 4 月 9 日 17 果	 4 月 9 日	 4 月 10 日无影响	 4 月 12 日 2 果变褐 5 月 6 日余 3 果
	3	−0.16	 4 月 9 日 10 果	 4 月 9 日 10 果	 4 月 9 日	 4 月 10 日无影响	 4 月 12 日 1 果变褐 5 月 6 日余 1 果

续表

处理日期	低温时长/h	处理温度/℃	试验前	试验 8 h 后	试验 24 h 后	试验后	试验后
4 月 11 日	3	−0.85	 4 月 9 日 9 果	 4 月 9 日 9 果	 4 月 10 日部分干瘪	 4 月 12 日 1 果变褐	5 月 6 日余 1 果
	2	−0.45	 4 月 11 日 11 果	 试验后 11 果	 4 月 11 日试验后	 4 月 12 日变化不大	5 月 6 日余 1 果
	2	−1.6	 4 月 11 日 14 果	 试验后 14 果	 4 月 11 日试验后	 4 月 12 日无变化	5 月 6 日余 1 果

续表

处理日期	低温时长/h	处理温度/℃	试验前	试验 8 h 后	试验 24 h 后	试验后	试验后
4 月 13 日	4	−2.4	 实验前 10 果	 试验后 8 果变褐	 4 月 14 日 7 果变褐	 4 月 19 日全部变褐	5 月 6 日余 0 果
	3	−2.2	 试验前 10 果	 试验后全部变褐	 4 月 14 日全部变褐	 4 月 19 日全部变褐	5 月 6 日余 0 果
	3	−2.2	 试验前 9 果	 试验后 5 果变褐	 4 月 14 日 5 果变褐	 4 月 19 日剩余 1 果	无变化

表 3.5　2020 年杏树品质测定结果

	日期	糖度/%	酸度/%	糖酸比	导电率/%
串枝红	6 月 21 日	11.55	4.01	2.88	3.80
	7 月 7 日	12.10	3.61	3.36	3.30
	7 月 7 日	12.65	3.08	4.11	3.35
金太阳	5 月 25 日	10.94	2.90	3.81	5.03
	5 月 28 日	11.79	3.12	3.76	5.79
	6 月 1 日	12.21	3.18	3.9	4.91
	6 月 2 日	13.48	3.19	4.32	4.21

表 3.6　2021 年杏树(串枝红)品质测定结果(幼果期处理)

温度/℃	糖度/%	酸度/%	糖酸比	导电率
未处理	10.80	3.39	3.29	4.5
2.10	11.80	3.24	3.68	4.1
−0.10	14.40	3.58	4.03	3.1
−0.45	9.85	3.12	3.19	4.1
−1.64	10.55	3.39	3.12	4.2
−3.40	10.80	3.39	3.29	4.5

表 3.7　2022 年杏树(串枝红)品质测定结果

温度/℃	糖度/%	酸度/%	糖酸比	导电率
未处理(对照)	13.70	3.63	3.78	4.0
−1 ℃花期处理	13.00	3.03	4.29	4.7
−4 ℃花期处理	12.60	3.92	3.21	4.8
−2 ℃幼果期处理	12.80	2.93	4.3	4.8
−1.5 ℃幼果期处理	12.30	2.40	5.13	4.3

3.1.1.4　杏树冻害指标

(1)指标构建

通过 2020—2022 年试验结果分析发现，温度与坐果率之间没有直接的关系，而与变褐率之间的关系密切，相关性较好，花期随着温度的降低，变褐率增加，幼果期同理，这两个生长期均通过了显著性检验。在 2022 年花期试验中，发现低温处理花变褐后，外界气温回升较快的情况下逐步恢复正常的现象。例如：3 月 24 日，对 20 朵花进行低温处理，温度−3.5 ℃，持续时间 1 h，24 h 后观测 17 朵花变褐，外界最低气温从 24 日 8 ℃，在 29 日回升到 13 ℃，之后 1 朵恢复正常；同一天对 19 朵花

−3.9 ℃的低温处理持续 2 h 后变褐 16 朵，26 日恢复 3 朵，29 日又恢复 2 朵，等等。而且从数据分析来看，温度处理时间长，变褐率增加，个别除外，可能与花开的位置及花开的程度等有关系。同时利用观测试验数据建立回归方程如下：

$$Y_{花期变褐率} = -0.08182 - 0.26667X_{温度} \tag{3.1}$$

$$Y_{幼果期变褐率} = -0.09451 - 0.23747X_{温度} \tag{3.2}$$

本研究将变褐率 $Y<20\%$、$20\% \leqslant Y \leqslant 60\%$ 和 $Y>60\%$ 分别代表轻、中、重冻害的分界线，可以得出花期和幼果期不同发生冻害程度的温度指标（表 3.8）。

表 3.8　杏树花期和幼果期发生不同程度冻害的温度指标

温度/℃	轻度	中度	重度
花期	−0.70～−1.06	−1.07～−1.51	<−1.52
幼果期	−0.80～−1.24	−1.25～−2.92	<−2.93

（2）指标验证

对以上构建的指标进行历史回代和实际验证如下：

花期验证：2018 年 4 月 4—7 日华北出现强降温天气，气温下降到−3.7 ℃，河北蔚县 4 月 4 日、5 日、6 日、7 日最低气温分别是−3.5 ℃、−3.5 ℃、−2.7 ℃、−3.7 ℃，此时杏树正处于盛花期，导致落花率增加，严重减产或绝收，从构建指标看属于重度冻害。2021 年 4 月 13 日杏树盛花期最低气温下降至−2.4 ℃，导致重度冻害，指标与实际相符。2022 年 4 月 15 日、16 日杏树花期最低气温下降到−1.5 ℃、−2.0 ℃，冻害指标为中度，实际损失比 2021 年轻，属于中度冻害。

幼果期验证：2013 年 4 月 19 日杏产区最低气温为 0.4 ℃，幼果没有受到影响，2022 年 4 月 19 日最低气温为−1.6 ℃，指标属于中度冻害，河北巨鹿杏园串枝红品种实际幼果变褐脱落率为 30%，属于中度冻害，预测结果与实际相符。

3.1.2　离体霜箱试验及冻害指标

王静等（2015）采用人工霜冻模拟箱以一定的降温速率降至 0 ℃以下的某个低温并持续一定的时间于第 2 日统计其受冻率，研究杏树花期及幼果期遭受霜冻的临界温度和持续时间，为开展果园霜冻预报、监测预警及果树霜冻灾害风险评估提供参考。

3.1.2.1　试验时间、地点及材料来源

试验于 2012—2013 年 4 月 1 日—5 月 15 日在宁夏河东生态园艺试验中心品种园中采集试验样品，于宁夏果树霜冻防御试验基地的实验室开展试验。试验材料来源于宁夏河东生态园艺试验中心品种园内，杏树树龄为 10 a 左右，品种分别为“金太阳”和“李梅杏”。于开花期和幼果期分别选择树龄、树势相似的同一品种果树，

剪取粗细、大小相似且同时有花蕾、花朵和幼果的枝条带回实验室进行霜冻模拟试验。

3.1.2.2 试验方法

霜冻模拟试验于果树开花期采集带有花苞、半开、全开的杏花花枝条分别置于模拟霜箱中，将待测部位与热电偶传感线相连接进行温度监测。待测部位主要包括花瓣和子房，通过霜箱的温度控制系统设置不同的低温持续不同的时间进行处理，首先从箱内的温度以每 0.5 h 降低 5 ℃的速度降低至 1 ℃，再以每 0.5 h 降低 1 ℃的速度降低至设定温度。花器官霜冻害试验的温度设置为−2 ℃、−3 ℃、−4 ℃共 3 个温度梯度，每个温度分别持续 1 h、2 h、3 h、4 h 后取出，共 12 个处理。幼果霜冻害试验的温度设置为−1.0 ℃、−2.0 ℃、−2.5 ℃、−3.0 ℃共 4 个温度梯度，每个温度分别持续 1 h、2 h、3 h、4 h 后取出，共计 16 个处理。每个处理 3 个重复。第 2 日通过肉眼观察，并配合显微镜观察确定花及幼果受冻程度，并拍照留档后统计受冻率。

3.1.2.3 霜冻判断标准

每 1 朵花都具有 1 枚雌蕊和多数雄蕊。以雌蕊(柱头、花柱、子房)是否受冻作为判断杏花单株是否受冻的标准，并考虑到一定的霜冻害可以减少疏花、疏果的工作量，将受冻率在 30%～50%定义为轻度受冻，50%～80%为中度受冻，大于 80%的为重度受冻，受冻率=受冻花朵数量/调查花朵总数。杏幼果表面颜色加深定义为轻度受冻，果面干瘪，颜色变为褐色，横截面胚珠变褐色为重度受冻。

(1)低温持续不同时间对不同品种杏花的影响

温度为−2 ℃时，2 个品种的杏花都表现为花朵内有水渍，但是花瓣仍和对照颜色相同，花蕊、子房仍为鲜绿色，界定为轻度受冻。当温度降低到−3 ℃及以下时，2 个品种的花都表现为花瓣、花蕊和子房变褐色，全开花朵和半开花朵的受冻率在 88%以上，为重度受冻，花苞的受冻率除个别在 50%左右，多数都大于 89%，为重度受冻。

(2)低温持续不同时间对杏幼果的影响

当温度为−2.5 ℃持续 1 h“金太阳”未受冻，持续 2 h 为轻度受冻，持续 3 h 为中度受冻，持续 4 h 为重度受冻。而“李梅杏”持续 1～2 h 为轻度受冻，4 h 仍有 38%正常定义为中度受冻。当温度降低到−3 ℃及−3 ℃以下时，“金太阳”和“李梅杏”2 个品种 55%～100%的果面变为褐色，切开横截面也为褐色综合定义为重度受冻。

3.1.2.4 低温冻害指标

2 个杏品种“金太阳”和“李梅杏”盛花期遭受霜冻的温度指标差异不大，−2 ℃为轻度受冻，−2～−3 ℃之间为中度受冻，≤−3 ℃持续时间大于 1 h 则为重度受冻。杏幼果在−2.5 ℃持续 1～2 h 为轻度受冻，3～4 h 为中度受冻，≤−3.0 ℃持续 1 h及以上为重度受冻，2 个品种差异不大。

3.2 历史灾情反演方法判识华北温带区杏树花期低温冻害指标

3.2.1 研究区概况

华北温带杏区位于125°—104°E,24°—42°N,是中国主要鲜食杏产区,包括河北、河南、山东、山西、陕西、北京、天津,以及甘肃兰州以东、辽宁沈阳以南、宁夏南部、安徽和江苏省北部等省市(图3.2)。该区域鲜食杏占全国鲜食杏总产量的50%以上(张加延 等,2003)。独特的地理位置使该区域容易受到来自东西伯利亚和蒙古国东

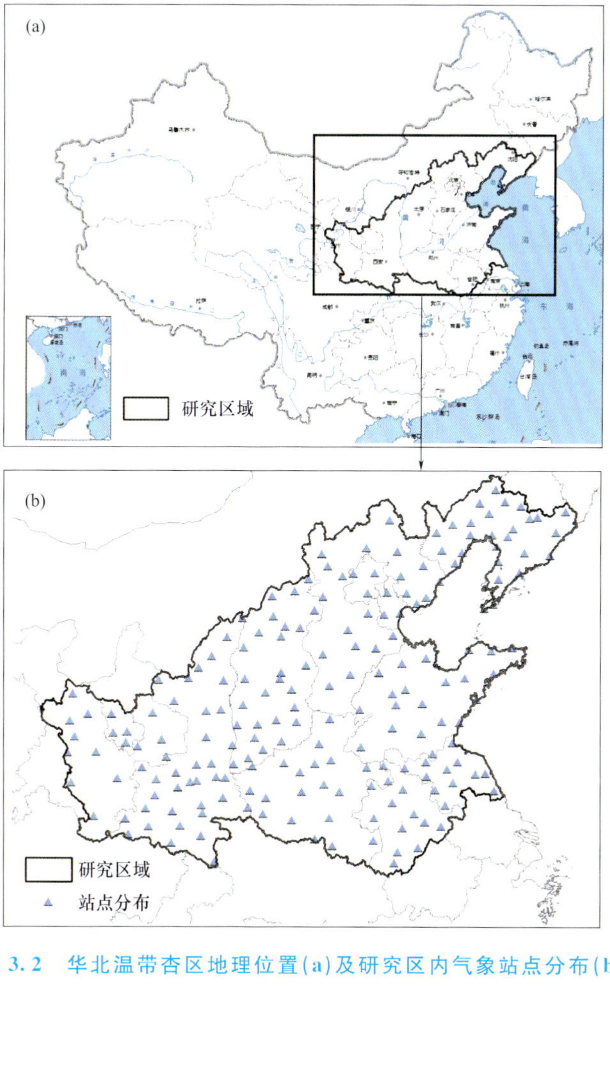

图3.2　华北温带杏区地理位置(a)及研究区内气象站点分布(b)

部极端冷潮的影响。冷空气经华北南下，易导致冬季和早春冻害(Ding Y H et al.，1987；Wang，2018；Ding T et al.，2021)。如，2018 年春初，河北省北部遭受极端低温天气过程，气温从 8.1 ℃降至−5.9 ℃，降温幅度超过 14 ℃，导致包括杏在内的农林作物遭受晚霜冻害，经济损失超过 20 亿美元(北京气候中心，2018)。

3.2.2 数据来源及处理

气象资料来源于国家气象信息中心，包括研究区内 199 个国家级基本气象站 1981—2018 年逐日最低温度气象资料，对其中个别缺测采用相邻两日该要素的平均值替代。杏树幼果期低温冻害灾情资料来源于《中国气象灾害大典》(河北、山东、河南、陕西、山西、甘肃、宁夏、北京、天津)、《中国气象灾害年鉴》、杏树灾情调查、果树灾害专题调查，以及果业基地县县志、果业基地县民政部门的灾情记录以及媒体报道。灾害记录覆盖年份 1981—2018 年。

3.2.3 研究方法

3.2.3.1 基于灾害性天气过程的理论模型构建

根据天气条件的不同，低温冻害可分成辐射降温型、平流降温型和混合降温型。其中，辐射降温型主要由极端最低气温造成；平流降温型主要由持续低温造成；混合降温型主要是由平流降温型寒害转为辐射降温型寒害所致(王培娟 等，2019)。用极端最低气温持续日数和有害积寒可较好地表示强冷空气入侵引起的上述 3 种类型的剧烈程度和累积作用。因此在本研究中，考虑低温冻害的持续日数和过程有害积寒，构建表征杏树低温冻害的理论模型 $f(D, Tcum)$，如图 3.3 所示。其中 D 为低温过程持续日数；T_{cum} 为低温天气过程的有害积寒值。

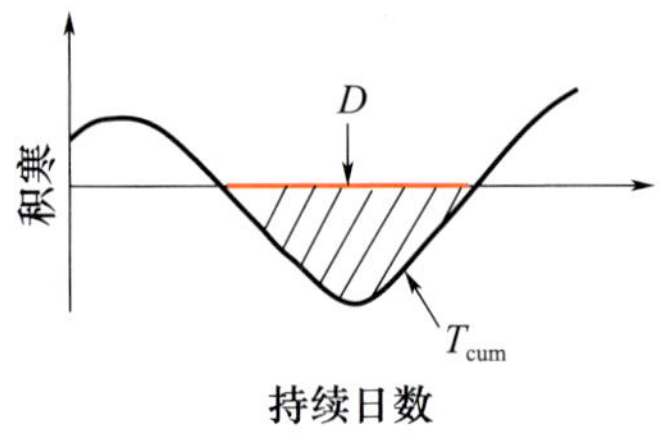

图 3.3 杏树低温冻害过程理论模型示意图

T_{cum} 的计算公式为：

$$T_{cum} = \sum_{j=1}^{D} (T_{min,j} - T_{thr}) \tag{3.3}$$

式中，$T_{min,j}$ 为低于 T_{thr} 的日最低温度；T_{thr} 为杏树低温冻害可能发生的最高温度，参考相关文献，该值设为 0 ℃；D 为低温冻害过程日数。

3.2.3.2 历史灾情反演

根据历史灾情灾害记录的时间和地点，重查该时段逐日最低气温数据，根据公式(3.3)，计算得到该次杏树低温冻害过程的 D 和 T_{cum}。以 1993 年 4 月上旬发生在山西省长治市上党区的杏树花期冻害为例，资料记载，“1993 年 4 月上旬，山西省长治市发生冻害，杏、桃、梨花瓣脱落”。提取长治气象站逐日 T_{min} 数据，4 月 7 日至 4 月 11 日 T_{min} 分别为 −1.8 ℃、−3.6 ℃、−2.2 ℃、−5.7 ℃和 −2.9 ℃。反演得到该样本为 D (5 d)，T_{cum} (−16.2 ℃)。按此方法，共获得华北温带杏树花期低温冻害样本 202 个。随机选取 10% 的灾害样本进行霜冻识别指标验证，90% 的灾害样本用于指标构建。灾害样本详细信息见表 3.9。

表 3.9　北温带杏树花期低温冻害样本详细信息

D/d	样本数量	指标构建样本数量	指标验证样本数量
1	43	40	3
2	38	35	3
3	46	42	4
4	46	41	5
≥5	29	26	3
样本总数	202	184	18

3.2.3.3　花期冻害临界阈值厘定方法

灾害样本序列分布拟合、区间估计等农业气象灾害指标的厘定方法已在农业洪涝与涝渍(Yang et al.，2016)、干旱(Wu et al.，2018)、高温热害(Yang et al.，2020)等研究中得到广泛应用。对于不同持续日数的杏树低温冻害，过程有害积寒的多少决定了该低温天气过程是否造成杏树发生低温冻害。因此，在本研究中，先对不同持续日数(D)下的过程有害积寒(T_{cum})进行分析；再根据灾害样本在灾害总体概率中的分布特点，引入样本覆盖率 (SCR) 的概念，确定最合适的指标。

(1)灾害样本过程有害积寒序列的分布拟合检验。常用的分布拟合函数主要有正态分布、指数分布、泊松分布、均匀分布、瑞利分布和威布尔分布等。采用 K-S 检验方法，即 Kolmogorov-Smirnov 法，分别对目前常用的 3 种分布型(正态分布、指数分布和均匀分布)进行灾害样本过程有害积寒序列的拟合分布检验，判断样本序列的最优分布类型。

(2)理想阈值可以表达大部分灾害总体，保证受灾样本判识的准确性，同时，能较好地反映独立灾害样本的聚集程度，避免对非受灾样本的误判。本研究中引入样本覆盖率 (SCR) 的概念，来厘定最优触发阈值。首先，以 5% T_{cum} 累积概率及函数值为步长，计算不同持续日数下的样本覆盖率 SCR；其次，对比不同步长区间的 SCR 变化情况，选择 SCR 斜率最大步长区间的上限，作为杏树花期冻害触发阈值指标。

SCR 的计算方法如下：

$$SCR_i = \frac{n_i}{N_i} \tag{3.4}$$

式中，SCR_i 为第 D 个持续天数的灾害样本覆盖率；n_i 为 T_{cum} 以 5％步长达到灾害总体累积概率的历史灾害样本数；N_i 是第 D 个持续天数的历史灾害样本总数。

3.2.3.4　指标验证方法

（1）预留独立样本检验。参考水稻洪涝、高温热害等级阈值检验方法（Yang et al.，2016，2020），采用预留验证样本，依据厘定的触发阈值，计算不同持续日数下的杏树低温冻害判识准确率。

（2）典型过程追踪。2018 年河北北部地区出现极端降雪和强风降温天气，导致杏树遭受花期冻害。基于上述厘定的杏树花期冻害触发阈值，追踪该地区杏树花期低温冻害过程。

3.2.4　历史灾害样本特征

1981 年至 2018 年历史灾害样本中 D 频率分布特征如图 3.4 所示，D 的最小值为 1 d，最大值为 6 d。结果表明，3 d 低温冻害过程发生频率最高，其次是 4 d 的低温冻害过程，占比分别为 23.60％和 23.03％。7.61％ 和 6.52％的灾害样本持续 5 d 和 6 d。考虑到杏树开花期一般为 7～20 d，为方便应用，将 5 d 和 6 d 的低温冻害过程合并为≥5 d 的低温冻害过程。$f(D, T_{cum})$ 的特征如图 3.5 所示，1 d、2 d、3 d、4 d 和≥5 d 低温冻害过程的 T_{cum} 信息如表 3.10 所示。1 d、2 d、3 d、4 d 和≥5 d 低温冻害过程的平均有害积寒分别为－2.6 ℃、－5.5 ℃、－11.9 ℃、－17.0 ℃和－22.8 ℃。

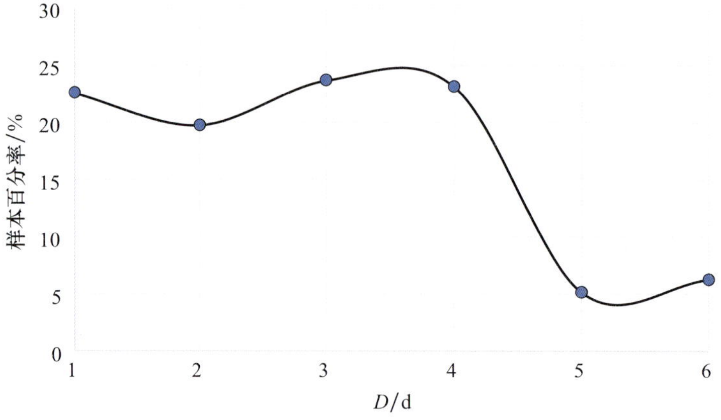

图 3.4　1981 年至 2018 年历史灾害样本中 D 频率分布特征

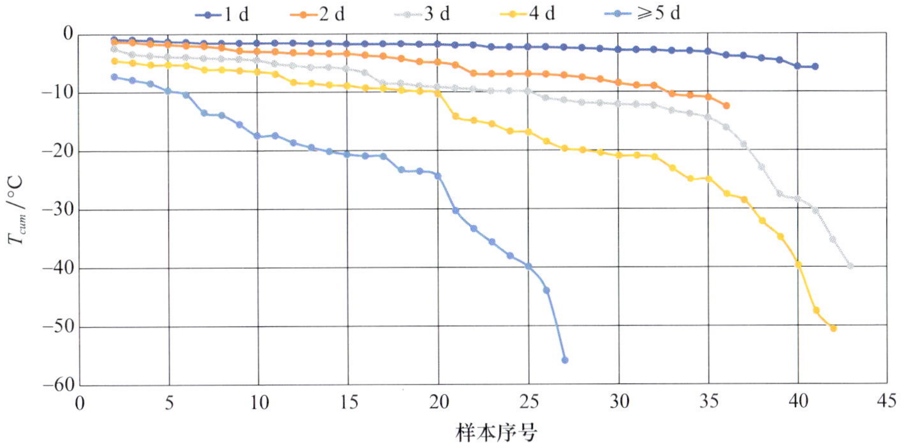

图 3.5 历史灾害样本中 (D,T_{cum})变化特征

表 3.10 1 d、2 d、3 d、4 d 和≥5 d 低温冻害过程的 T_{cum} 信息

D/d	最小值	最大值	平均值	标准差
1	−6.0	−1.0	−2.6	1.2
2	−12.6	−1.4	−5.5	3.1
3	−40.0	−2.6	−11.9	8.9
4	−50.7	−4.7	−17.0	11.7
≥5	−56.0	−7.4	−22.8	12.2

3.2.5 杏树花期冻害指标及检验

3.2.5.1 杏树花期冻害指标

分别对 1 d、2 d、3 d、4 d 和≥5 d 低温天气过程的有害积寒序列进行均匀分布、正态分布、指数分布概率函数的 K-S 检验，结果如表 3.11 所示。1 d、2 d、4 d 和≥5 d 低温天气过程的有害积寒值序列服从正态分布，K-S Sig 值分别为 0.189、0438、0.147 和 0.398，均大于 0.05；2 d 样本有害积寒值序列服从均匀分布，K-S Sig 值为 0.058；5 组样本有害积寒值序列均未通过指数分布检验。K-S 检验的结果表明：正态分布拟合优于均匀分布和指数分布。对 3 d 样本中的有害积寒值进行数理转换后，正态分布 K-S Sig 值为 0.078，达到显著水平。5 组灾害样本的正态分布累积概率函数图如图 3.6 所示。

表 3.11　不同持续日数低温天气过程有害积寒序列拟合的 K-S 检验

持续日数/d	正态分布	均匀分布	指数分布
1	0.189	0.00	0.00
2	0.438	0.058	0.00
3	0.040/0.078	0.00	0.00
4	0.147	0.00	0.00
≥5	0.398	0.001	0.00

注:"/"前为数值转换前的 K-S Sig 值,"/"后为数值转换后的 K-S Sig 值。下同。

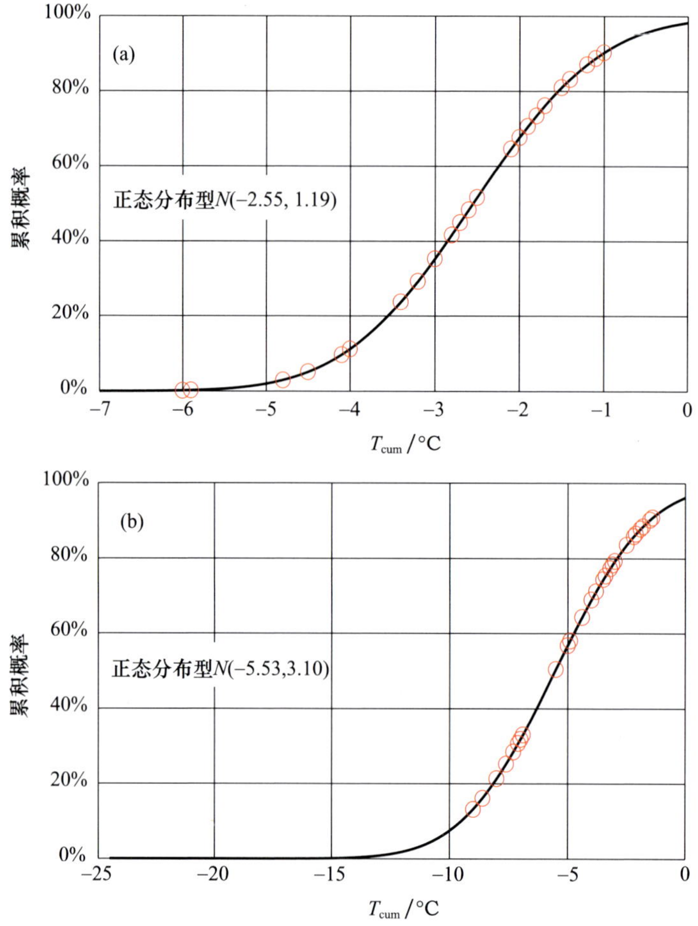

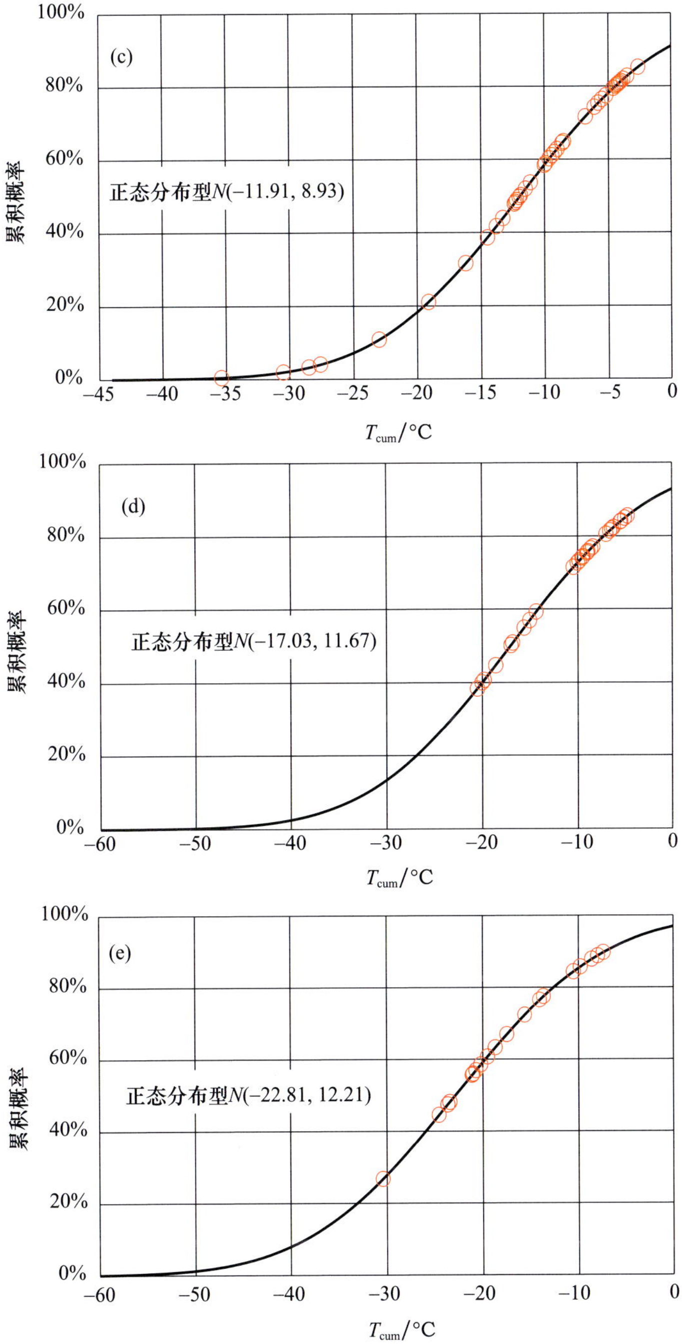

图 3.6　不同持续日数低温天气过程有害积寒序列正态分布累积概率函数

(a)1 d 低温天气过程；(b)2 d 低温天气过程；(c)3 d 低温天气过程；
(d)4 d 低温天气过程；(e)≥5 d 低温天气过程

正态分布拟合函数 70%～95%累积概率的反函数值如表 3.12 所示。根据 5%累积概率步长的 SCR 确定杏树低温冻害触发阈值(图 3.7)。对比分析 70%～90%累积概率的 SCR 分布特征,结果表明,1～3 d 杏树低温冻害过程中,SCR 在 75%～80%之间斜率最大,80%后变化平缓,表明灾害样本在累积概率 75%～80%之间高度聚集。以 75%～80%累积概率的上限,即 80% 累积概率的反函数值,厘定 1～3 d 杏树低温冻害过程触发阈值。以 1 d 低温冻害过程触发阈值厘定为例,T_{cum}正态分布拟合函数 70%、75%、80%、85%、90% 和 95%累积概率反函数值分别为−1.9 ℃、−1.7 ℃、−1.5 ℃、−1.3 ℃、−1.0 ℃、−0.6 ℃,意味着上述值可以识别 1 d 低温冻害的 70%、75%、80%、85%、90% 和 95% 的灾害总体。考虑到独立样本分布和灾害总体特征,采用 80%累积概率的反函数值,即−1.5 ℃,为 1 d 低温冻害过程的触发阈值。

表 3.12 正态分布拟合函数 70%～95%累积概率的反函数值 (单位:℃)

D/d	累积概率					
	70%	75%	80%	85%	90%	95%
1	−1.9	−1.7	−1.5	−1.3	−1.0	−0.6
2	−3.9	−3.4	−2.9	−2.3	−1.6	−0.4
3	−7.2	−5.9	−4.4	−2.7	−0.5	2.8
4	−10.9	−9.2	−7.2	−4.9	−2.1	2.2
≥5	−16.4	−14.6	−12.5	−10.2	−7.2	−2.7

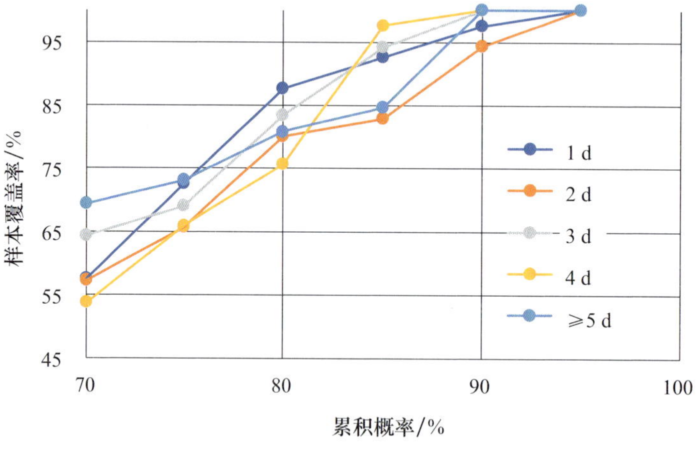

图 3.7 不同持续日数 5%累积概率步长下的 SCR 变化特征

4 d 和≥5 d 杏树花期低温冻害过程的 SCR 变化表明,灾害样本高度聚集于正态累积概率函数曲线 80%以上,表现出无规律性。重查 4 d 和≥5 d 杏树花期低温冻害过程，发现所有样本在前 3 d 即可通过指标得到判识，表明该低温过程可以持续多天，4 d 和≥5 d 的有害积寒积累过程加剧了杏树低温冻害的程度。对于 4 d 和≥5 d 的杏树低温冻害，本研究首先通过 80%累积概率的反函数值厘定初始判识阈值，然后根据 1～3 d 过程的阈值结果进行修正。以 4 d 杏树低温冻害触发阈值厘定过程为例。4 d 杏树低温冻害过程中 T_{cum} 累积概率 80%的反函数值为−7.2 ℃，低于 1 d 低温冻害过程阈值的 4 倍（−1.5 ℃）、2 d 低温冻害过程阈值（−2.9 ℃）的 2 倍，以及 1 d 和 3 d 过程的阈值总和（−1.5 ℃和−4.4 ℃）。取上述最小值作为 4 d 低温冻害过程的阈值，即−5.8 ℃。

在此基础上，确定了 1 d、2 d、3 d、4 d 和≥5 d 杏树低温冻害过程的触发阈值，详见表 3.13。灾害样本识别的完全一致率超过 80%。

表 3.13 不同持续日数低温过程杏树冻害触发阈值

D/d	阈值 /℃	一致比例	不一致比例
1	−1.5	87.50%	12.50%
2	−2.9	80.00%	20.00%
3	−4.4	83.33%	16.67%
4	−7.2/−5.8	75.61%/87.80%	24.39%/12.20%
≥5	−12.5/−7.3	80.77%/96.15%	19.23%/3.85%

3.2.5.2 预留独立样本检验

采用预留的 18 个杏树花期历史冻害样本，根据记录中的受灾时间和地点，计算低温持续日数和有害积寒值，根据构建的杏树花期冻害触发指标阈值，判断杏树是否受灾，进行预留样本的判别准确率检验。由表 3.14 可以看出，预留的 18 个灾害样本中，16 个样本可通过指标判识得到，2 个样本无法通过指标判识得到，杏树花期低温冻害的指标判识结果与实际发生的吻合率为 88.89%；

表 3.14 预留独立灾害样本判识准确性检验

持续日数/d	年份	灾害地点（市（县）/省份）	T_{cum}/℃	判识结果	吻合性
1	1990	大同/山西	−1.9	冻害	一致
	1995	西华/河南	−1.4	冻害	一致
	2006	南宫/河北	−3.0	冻害	一致
2	1987	永吉/山西	−6.4	冻害	一致
	2006	太原/山西	−6.0	冻害	一致
	2013	张北/河北	−10.8	冻害	一致

续表

持续日数/d	年份	灾害地点（市(县)/省份）	T_{cum}/℃	判识结果	吻合性
3	1995	潍坊/山东	−5.2	冻害	一致
	2005	固原/宁夏	−4.7	冻害	一致
	2006	榆社/山西	−14.5	冻害	一致
	2014	丰宁/河北	−3.8	无冻害	不一致
4	1987	代县/山西	−18.6	冻害	一致
	1998	灵丘/山西	−11.4	冻害	一致
	2001	固原/宁夏	−20.4	冻害	一致
	2007	青龙/河北	−5.7	无冻害	不一致
	2008	张北/河北	−14.3	冻害	一致
≥5	1990	蔚县/河北	−9.8	冻害	一致
	1992	长治/山西	−16.2	冻害	一致
	2006	承德/河北	−18.7	冻害	一致

3.2.6 杏树花期冻害过程监测

2018 年 4 月 3—10 日，河北北部地区出现了一次罕见的降雪过程和大风降温天气。受其影响，北部地区的杏树花期冻害极重。反演河北北部 8 个气象站点最低温度发现，4 月 3—9 日，河北北部地区最低温度均值低于 0 ℃（图 3.8）。依据构建的杏树花期冻害判识指标，追踪该地区 2018 年 4 月 3—9 日杏树低温冻害变化过程如图 3.9 所示。4 月 3 日，2 个站点判识为杏树低温冻害，占比 25%；4 月 4 日，6 个站点判识为杏树低温冻害，占比 75%；4 月 5—6 日，受灾站点占比达到 88%；4 月 7 日，河北

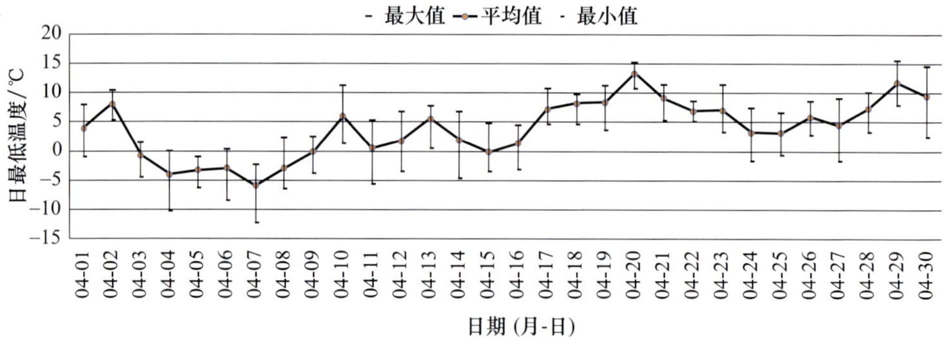

图 3.8　河北北部地区 2018 年 4 月逐日最低气温变化

北部的8个气象站点均判识为杏树花期低温冻害；4月8日，低温冻害略有缓解，受灾站点占比88%；4月9日，受灾站点占比减少至38%。结果表明，过程追踪结果与灾情记录吻合，本研究构建的杏树花期冻害判识指标具有有效性。

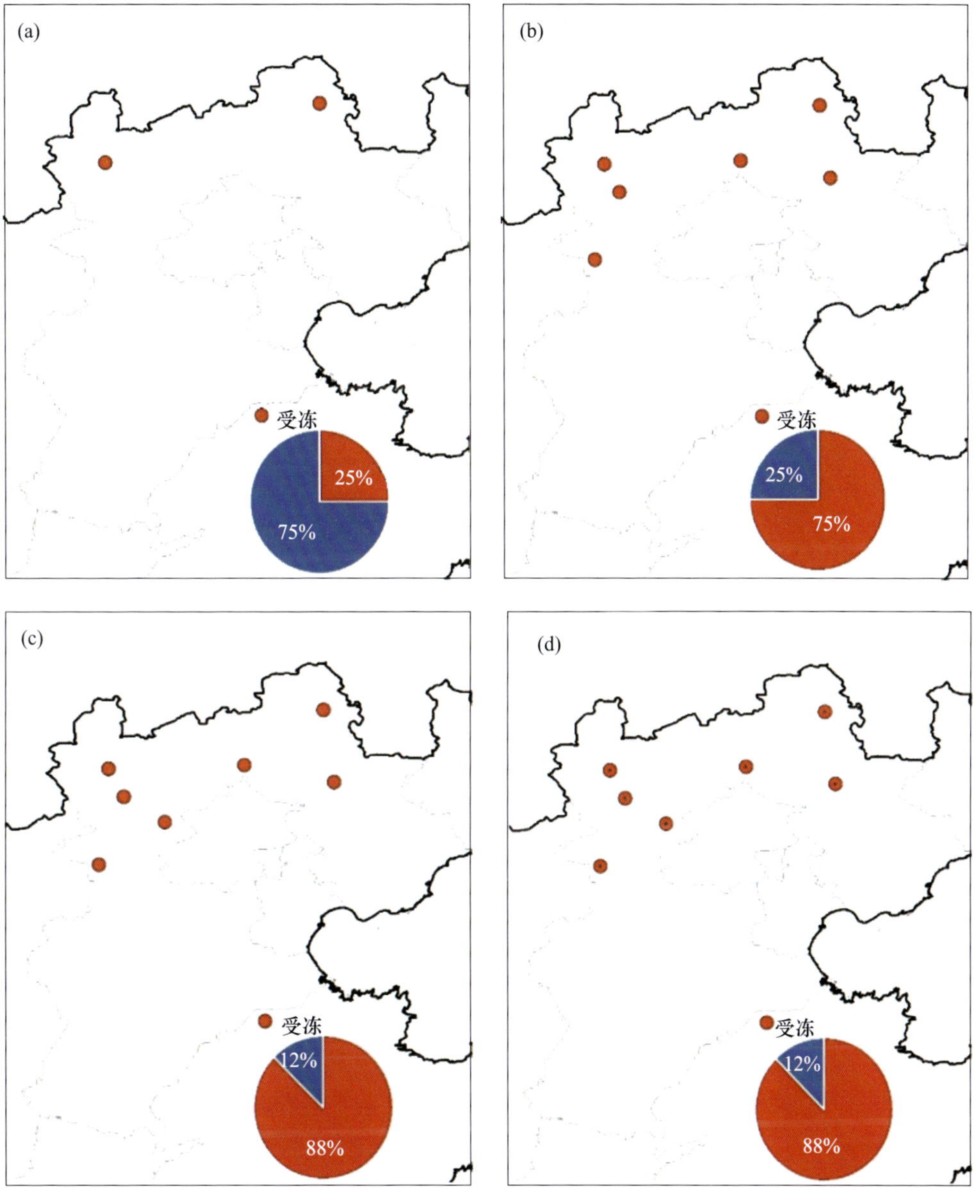

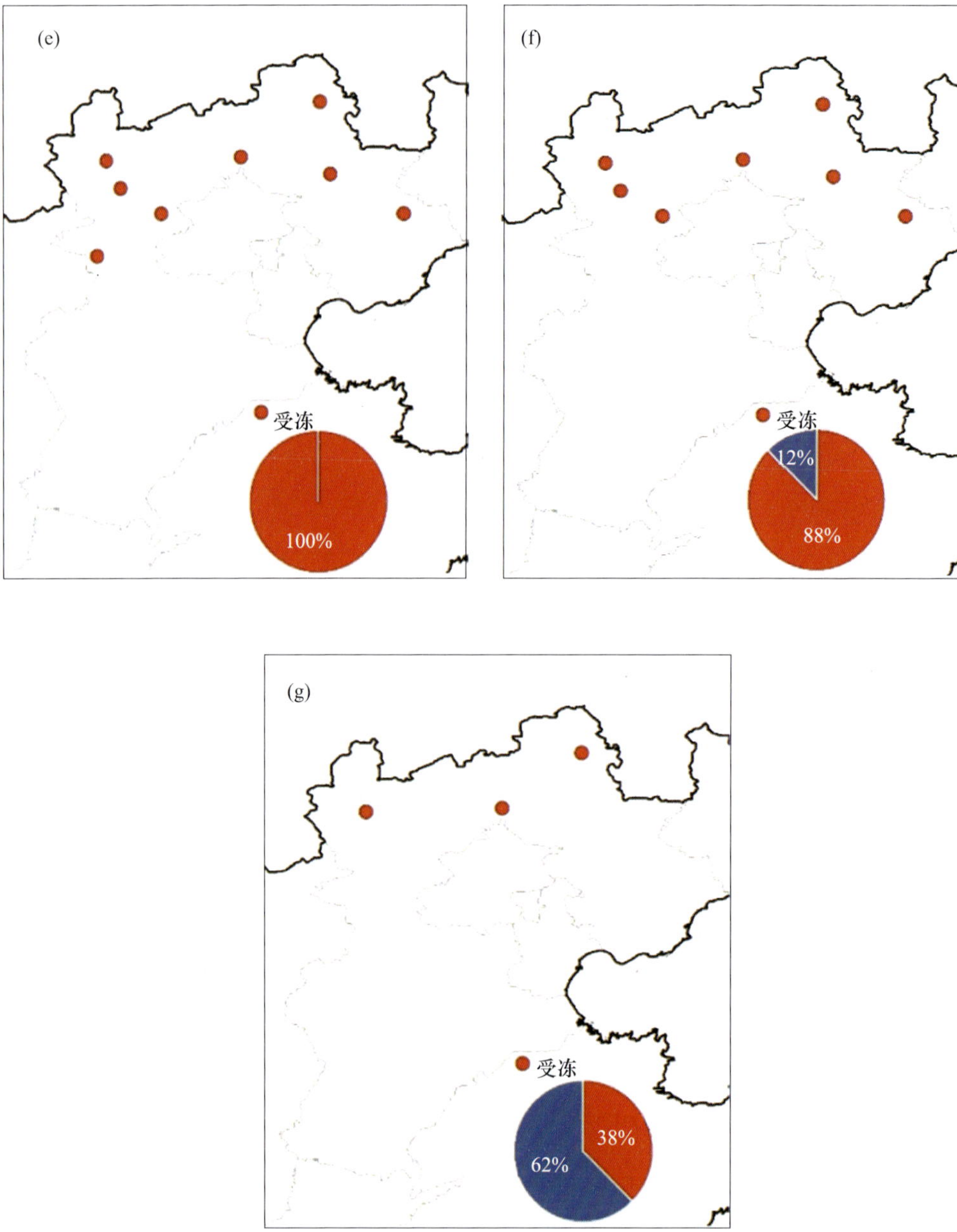

图 3.9　2018 年 4 月 3—9 日杏树低温冻害变化过程

(a)4 月 3 日;(b)4 月 4 日;(c)4 月 5 日;(d)4 月 6 日;(e)4 月 7 日;(f)4 月 8 日;(g)4 月 9 日

3.3 历史灾情反演方法确定华北温带区杏树幼果期冻害指标

3.3.1 数据来源及处理

气象数据为研究区内 199 个国家级基本气象站 1981—2020 年逐日最低温度气象资料；杏树幼果期低温冻害灾情资料来源同 3.2.2 节。杏树物候期资料来源于国家气象信息中心，包括研究区内 20 个观测站点 2010—2020 年杏树末花数据。华北南部暖温带地区，杏树 4 月初进入幼果期，而北部和高海拔地区气温偏低，杏树幼果期延迟至 5 月初。采用克里金插值法，将 20 个站点的物候观测数据插值到研究区 199 个气象站点。

杏树幼果期低温冻害灾情资料来源于《中国气象灾害大典》(河北、山东、河南、陕西、山西、甘肃、宁夏、北京、天津)、《中国气象灾害年鉴》、杏树灾情调查、果树灾害专题调查，以及果业基地县县志、果业基地县民政部门的灾情记录以及媒体报道。灾害记录覆盖年份 1981—2018 年。

3.3.2 阈值厘定方法

3.3.2.1 受灾、无灾样本序列构建

根据灾情记录中的杏树幼果期冻害发生时间、地点，重查对应年份、对应气象站点的日最低温度。提取灾情记录时段首日日最低温度数据，构建有灾样本集合；提取灾情记录前 5 日内日最低温度的最小值，构建无灾样本集合。例如灾情记录为“2014 年 5 月 3—6 日，受低温天气影响，河北北部张北杏区幼果受灾”。根据气象数据反演得到 2014 年 5 月 3—6 日河北张北地区日最低温度分别为－1.2 ℃、0.4 ℃、－3.2 ℃和－2.5 ℃，前 5 d(即 4 月 28 日—5 月 2 日)日最低温度分别为 2.2 ℃、1.2 ℃、3.2 ℃、4.4 ℃和 1.1 ℃。提取灾情记录时段首日最低温度为－1.2 ℃为有灾样本；提取灾情记录前 5 d 最低温度数据的最小值作为无灾样本，即获得无灾样本 1 个，为 1.1 ℃。同理，共反演得到历史杏树幼果期冻害受灾样本和无灾样本各 125 个。

3.3.2.2 幼果期冻害临界阈值厘定方法

以 0.5 ℃为步长，计算不同基准截点的总体准确度(over accuracy，OA)，依据不同截点的总体准确度值，确定各截点在杏树幼果期冻害判识应用中的优劣，确定基

于日最低温度的冻害阈值指标。

$$OA=\frac{TP+TN}{TP+TN+FP+FN}=\frac{TP+TN}{N} \tag{3.5}$$

式中，N 为受灾样本和无灾样本总数；TP 为判断正确的受灾样本数；FN 为判断错误的受灾样本数；TN 为判断正确的无灾样本数；FP 为判断错误的无灾样本数。

3.3.2.3　冻害阈值厘定方法整体性能评价

采用感受性曲线（receiver operating characteristic curve，简称 ROC 曲线）对基于日最低温度的杏树幼果期冻害阈值指标进行评价（Yang et al.，2022）。ROC 曲线是根据一系列不同的二分类方式（分界值或决定阈），通过曲线上各点对同一信号刺激的反应，评价阈值或指标效果。ROC 曲线由真阳性率（TPR）为纵坐标，假阳性率（FPR）为横坐标绘制的曲线，分别描述正确预测的实际冻害发生率和错误预测的非冻害率。基于日最低温度的杏树幼果期冻害阈值指标的整体性能可由 ROC 曲线下的面积（AUC）给出。AUC 范围为 0.5～1.0，其中 1 代表完美表现，而 0.5 代表毫无价值的表现。TPR 和 FPR 的计算公式如下：

$$TPR=\frac{TP}{TP+FN} \tag{3.6}$$

$$FPR=\frac{FP}{FP+TN} \tag{3.7}$$

3.3.3　杏树幼果期冻害阈值厘定

3.3.3.1　受灾、无灾样本特征分析

受灾、无灾样本中最低温度 T_{min} 的详细特征如图 3.10 所示。受灾、无灾样本中 T_{min} 的平均值分别为－0.37 ℃和 3.53 ℃。受灾样本 T_{min} 最小值为－8.6 ℃，最大值为 3.9 ℃。无灾样本 T_{min} 最小值和最大值分别为－1.5 ℃和 9.5 ℃。受灾样本和无灾样本 T_{min} 分布频率如图 3.10 所示。结果表明，受灾样本 T_{min} 分布频率最高的区域为 1.0～1.5 ℃，占比 19.35%；其次是 1.5～2.0 ℃和 0 .0℃～0.5 ℃，占比分别为 11.29%和 10.48%。无灾样本、受灾样本中 T_{min} 存在重叠，重叠范围为－1.5～4.0 ℃。

3.3.3.2　杏树幼果期冻害阈值厘定

以 0.1 ℃为步长，计算－1.5～4.0 ℃每个标准基点的总体准确度，结果如图 3.11 和表 3.15 所示，其中图 3.11 中突出显示了以 0.5 ℃为步长的总体准确度。各标准基点总体准确度从－1.5 ℃ 开始增加，在 2.0 ℃左右后下降，其中 1.9 ℃的总体准确度最高，为 82.26%。由于篇幅所限，表 3.15 中仅列出了 1.0～3.0 ℃之间 TP、FN、FP、TN、总体准确度、TPR 和 FPR 等要素值的详细信息。

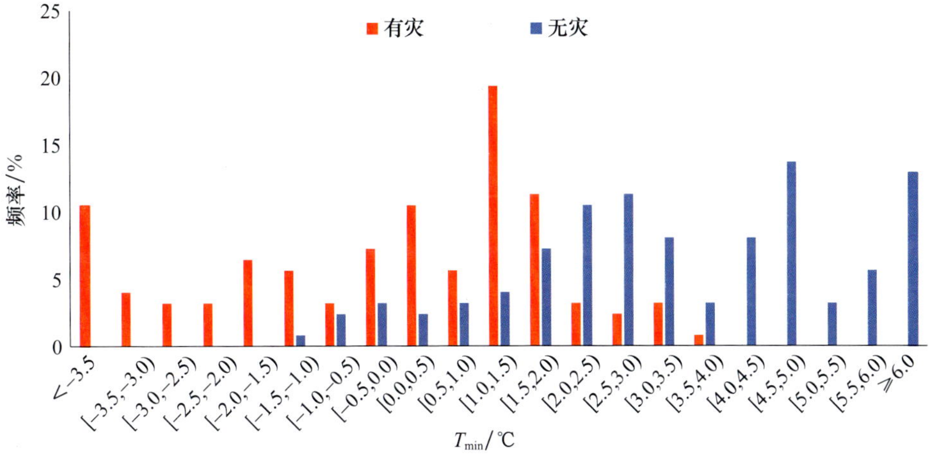

图 3.10 受灾、无灾样本中 T_{min} 的分布频率

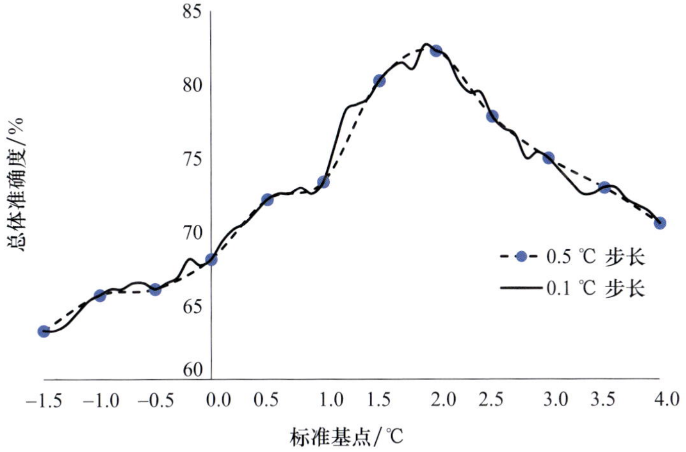

图 3.11 −1.5～4.0 ℃各标准基点的总体准确度变化特征

表 3.15 1.0～3.0 ℃之间 TP、FN、FP、TN、总体准确度、TPR 和 FPR 等要素值的详细信息

标准基点/℃	TP	FN	FP	TN	总体准确度/%	TPR	FPR
1.0	74	44	15	108	73.387	0.627	0.122
1.1	80	37	16	108	75.806	0.684	0.129
1.2	87	34	16	107	78.226	0.719	0.130
1.3	90	32	17	105	78.629	0.738	0.139

续表

标准基点/℃	TP	FN	FP	TN	总体准确度/%	TPR	FPR
1.4	92	26	19	104	79.032	0.780	0.154
1.5	98	22	20	101	80.242	0.817	0.165
1.6	102	20	23	99	81.048	0.836	0.189
1.7	104	18	25	98	81.452	0.852	0.203
1.8	106	14	26	95	81.048	0.883	0.215
1.9	110	12	29	95	82.661	0.902	0.234
2.0	112	10	29	92	82.258	0.918	0.240
2.1	114	10	32	89	81.855	0.919	0.264
2.2	114	9	35	85	80.242	0.927	0.292
2.3	115	9	39	82	79.435	0.927	0.322
2.4	115	8	42	82	79.435	0.935	0.339
2.5	116	7	42	77	77.823	0.943	0.353
2.6	117	7	47	74	77.016	0.944	0.388
2.7	117	7	50	73	76.613	0.944	0.407
2.8	117	5	51	69	75.000	0.959	0.425
2.9	119	5	55	68	75.403	0.960	0.447
3.0	119	4	56	67	75.000	0.967	0.455

基于 T_{min} 的杏树低温冻害判识 ROC 曲线如图 3.12 所示。通常，靠近左边距和上边距的 ROC 曲线显示高 TPR 和低 FPR，具有较高的无灾和有灾样本判识率。各标准基点 TPR 和 FPR 特性见表 3.15。1.9 ℃为该温度区间内的最佳判识阈值，具有相对较高的 TPR(0.902)和较低的 FPR（0.234）。ROC 曲线下面积(AUC)为 0.88，表明 T_{min} 在表征杏树低温冻害致灾及触发方面具有良好性能。

3.3.4 等级指标构建方法

3.3.4.1 灾情样本反演重构

根据杏树幼果期低温冻害灾情数据，重查历史气象资料，提取日最低气温 $T_{min}<$ 1.9 ℃的连续天数及 T_{min} 数据，计算该低温冻害过程的积寒值 T_{cum}。针对灾情记录

的精确程度，将样本分为2个组别，即组1为受灾，但无受灾等级组，组2为受灾且有受灾等级组。例如，2020年4月，河北省蔚县的低温冻害调查记录表明，由于天气寒冷，杏树幼果完全被摧毁。根据关键词“完全摧毁”，此次低温冻害为重度冻害过程归入第2组。重查2020年4月该地区逐日 T_{min} 值，发现4月21—24日 T_{min} 值低于1.9 ℃，分别为−1.5 ℃、−4.0 ℃、−3.3 ℃和1.7 ℃。构建该杏树低温冻害过程样本为：D 为4 d，T_{cum} 为−14.7 ℃，低温冻害等级为重度。再如，2020年4月下旬，宁夏固原市发生低温天气过程，包括杏在内的幼果遭受晚霜冻破坏。重查当地气象数据发现，4月22—24日 T_{min} 值低于1.9 ℃，分别为0.2 ℃、1.3 ℃和0.5 ℃。因此，得到该过程样本为：D 为3 d，T_{cum} 为−3.7 ℃，归为第1组样本组。

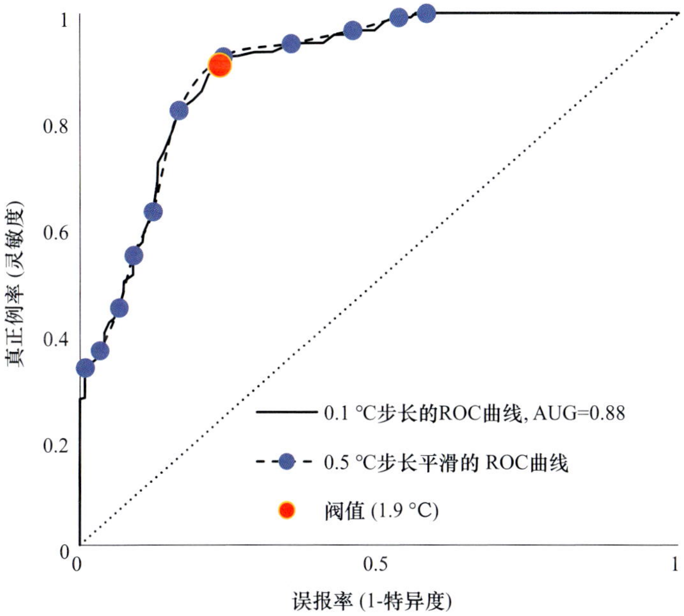

图3.12　基于 T_{min} 的杏树低温冻害判识 ROC 曲线

最终，共构建216组杏树幼果期低温冻害过程样本，包括174个受灾但无受灾等级样本，和42个受灾且有受灾等级样本。构建样本的详细信息见表3.16。

表3.16　杏树幼果期低温冻害过程样本详细信息

样本组别	D/d				T_{cum}/℃			
	最小值	最大值	平均值	标准差	最大值	最小值	平均值	标准差
组1	1	7	2.77	1.44	−0.1	−50.3	−10.44	10.63
组2	1	5	2.97	1.35	−0.2	−29.9	−10.84	7.92
合计	1	7	2.81	1.42	−0.1	−50.3	−10.51	10.14

3.3.4.2 等级指标阈值厘定方法

为了充分利用有限的杏树幼果期低温冻害过程样本资料，即第 1 组和第 2 组样本集合，综合分析样本中 D 和 T_{cum} 的特征和联系，从而厘定杏树幼果期低温冻害轻度、中度和重度的等级阈值，首先根据第 2 组中 D 的大小计算历史低温冻害样本中不同等级冻害的识别率（FR），初步确定低温过程日数 D 对灾害等级的影响；其次，对第 1 组和第 2 组的所有灾害样本进行不同 D 值的 T_{cum} 值拟合，并采用置信区间算法确定杏树幼果期低温冻害等级，即轻度、中度和重度的阈值。

(1)杏树幼果期低温冻害等级初始判识指标

基于灾害样本识别率(FR)对杏树幼果期低温冻害等级的初始指标(D)进行初步厘定。FRs 指满足条件的灾害样本占样本总数的比例。

$$\mathrm{FR}=a/A\times 100\% \tag{3.8}$$

式中，a 为该等级的灾害样本数，A 为样本总数。

(2)指标中 T_{cum} 的确定

对初始判识 D 对应的 T_{cum} 进行分布拟合，以 95%置信区间的上下限值，作为该等级的 T_{cum} 阈值。

3.3.5 杏树幼果期冻害等级指标构建

3.3.5.1 杏树冻害过程样本中的 $f\ (D,T_{cum})$ 特征

根据灾害样本计算得到杏树幼果期低温冻害持续时间 D 的分布特征如图 3.13 所示。我国北方温带杏区低温冻害过程的最小持续日数 D 为 1 d，最大值持续日数 D 为 7 d。1～3 d 的低温冻害过程比 4～7 d 的过程更常见，其中 3 d 的过程发生频率最高(25.86%)，其次是 1 d 和 2 d 的低温冻害过程(分别为 24.14%和 21.84%)。灾害样本中的 T_{cum} 分布频率随着 T_{cum} 的增加呈上升趋势(图 3.14)。约 40%的灾害样本 T_{cum} 值大于−5 ℃。

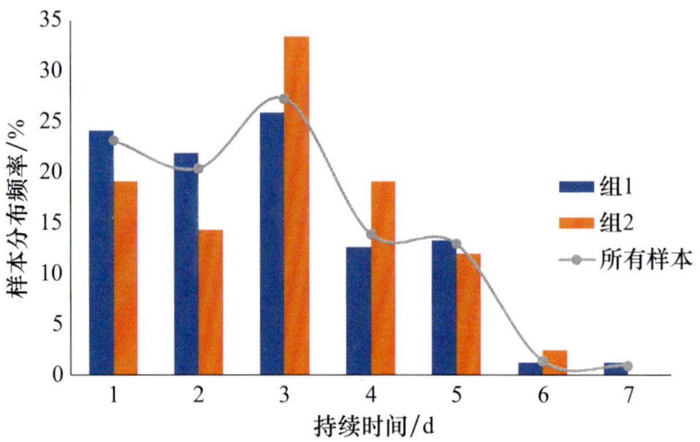

图 3.13 杏树幼果期低温冻害持续时间(D)的分布频率

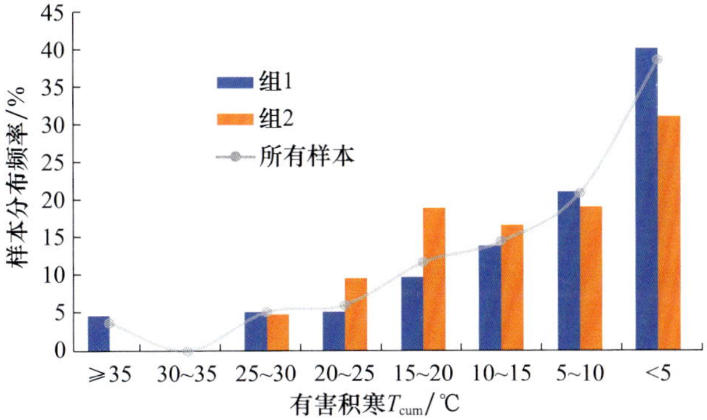

图 3.14　杏树幼果期低温冻害有害积寒(T_{cum})的分布频率

分别提取不同持续日数 D 对应的 T_{cum} 进行统计，结果如图 3.15 所示。不同持续日数 D 对应的 T_{cum} 之间存在显著差异，1 d、2 d、3 d、4 d 和≥5 d 低温冻害过程中的 T_{cum} 中位数分别为−1.5 ℃、−3.5 ℃、−9.9 ℃、−14.2 ℃和−26.0 ℃。T_{cum} 的波动程度随着 D 的增加而增加，其中 4 d 冻害过程的 T_{cum} 最大值和最小值分别为−5.2 ℃和−45.2 ℃，5 d 以上冻害过程的 T_{cum} 最大值和最小值分别为−12.7 ℃和−50.3 ℃。

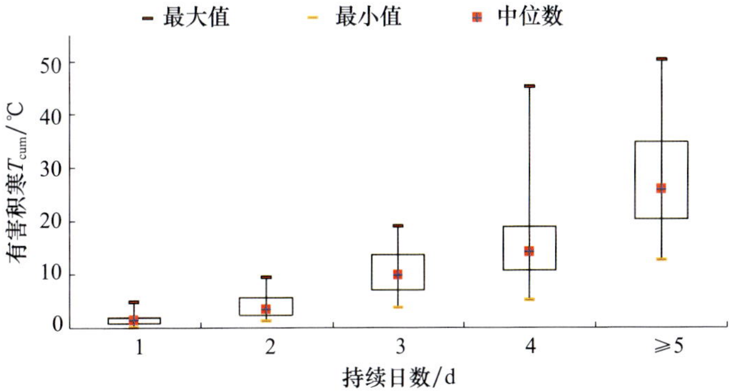

图 3.15　杏树幼果期低温冻害过程中不同持续日数(D)对应的积寒(T_{cum})特征

3.3.5.2　杏树冻害过程等级阈值的确定

综合考虑持续日数对灾害等级的影响，对组 2 中的灾害样本进行分析，统计得到不同持续日数 D 对轻度、中度和重度样本的判识率 FR，其结果如图 3.16 所示。杏树幼果期低温冻害强度与过程持续时间(D)密切相关。有 91.66%轻度灾害样本的持续日数 D 值为 1 和 2。1～4 d 的低温冻害过程均可导致中度的杏树冻害，其中 76.92%的中度杏树低温冻害持续天数为 3 d。连续 4 d 和≥5 d 的冻害过程主要造成中、重度杏树低温冻害，76.47%的重度冻害持续日数 D 大于 4 d。根据不同持续日数样本判识率 FR 的变化特征，初步确定了杏树幼果期低温冻害等级的初始判识指标，即 D 值为 1 和 2 为轻度，D 值等于 3 为中度，$D\geqslant4$ 为重度。表 3.17 中列出了基于过程持续日数 D 的判识精度。

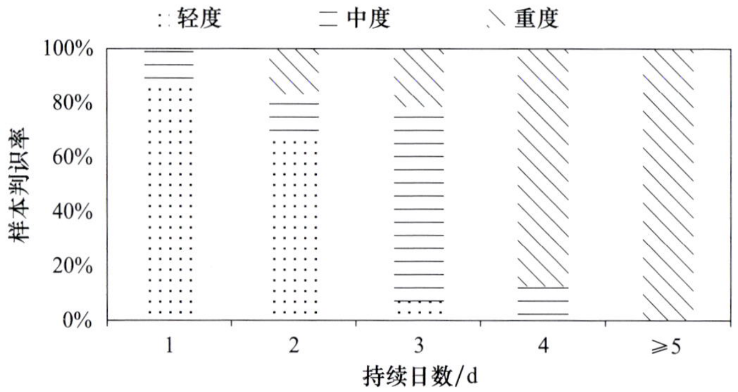

图 3.16　不同持续日数的冻害样本等级判识率

表 3.17　基于 D 和基于 $f(D,T_{cum})$ 的样本判识准确率

D/d	基于 D		基于 $f(D,T_{cum})$	
	正确率	错误率	正确率	错误率
1～2	0.79	0.21	0.93	0.07
3	0.71	0.29	0.86	0.14
≥4	0.93	0.07	0.86	0.14
平均	0.81	0.19	0.88	0.12

基于初始判识指标，即持续日数 D 值，统计分析所有样本中持续日数 1～2 d、3 d 和≥4 d 低温冻害样本中的 T_{cum} 特征。分别对 D 为 1～2 d、3 d 和≥4 d 的 T_{cum} 正态分布拟合，计算得到 T_{cum} 的正态分布参数和 95%置信区间如表 3.18 所示。所有样本中持续日数 1～2 d、3 d 和≥4 d 低温冻害样本中的 T_{cum} 概率分布如图 3.17 所示。基于正态分布 T_{cum} 的 95%置信区间，确定不同灾害等级持续日数 1～2 d、3 d 和≥4 d 的 T_{cum} 阈值。当 D 为 1～2 d 时，T_{cum} 的上限阈值被调整为 0；当 $D\geqslant4$ d 时，T_{cum} 不设下限。根据保留小数点后 1 位的原则，厘定得到了杏树幼果期低温冻害等级判识指标，如表 3.19 所示。

表 3.18　持续日数 1～2 d、3 d 和≥4 d 低温冻害样本中的 T_{cum} 特征

灾害等级	持续日数 D/d	μ	σ	95%置信区间
轻度	1～2	−2.95	2.26	−3.87～−2.69
中度	3	−10.34	4.03	−11.97～−9.17
重度	≥4	−22.76	11.63	−22.96～−16.20

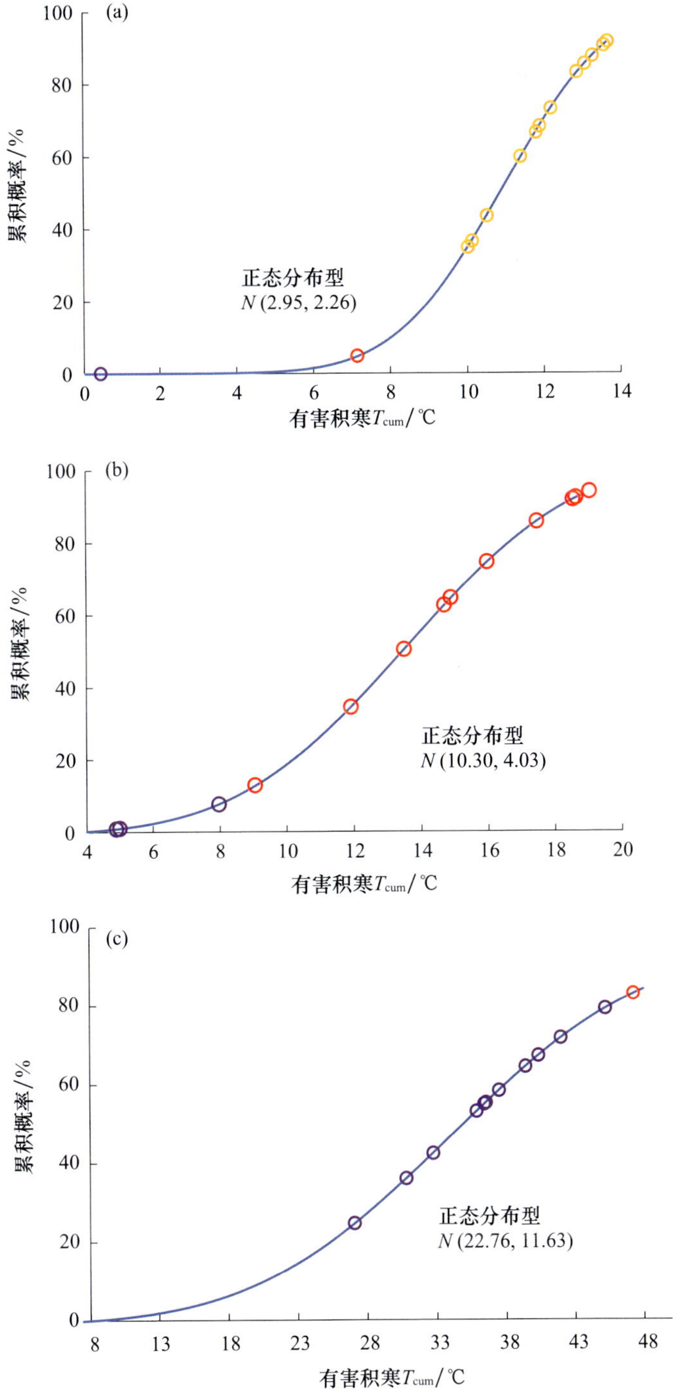

图 3.17 持续日数 1～2 d(a)、3 d(b)和≥4 d(c)冻害过程的 T_{cum} 正态分布拟合

表 3.19 杏树幼果期低温冻害等级判识指标

灾害等级	$f(D, T_{cum})$		调整后 $f(D, T_{cum})$
	持续日数 D/d	有害积寒 T_{cum}/℃	
轻度	1～2	−3.87～−2.69	(1～2，−3.9～0.0)
中度	3	−11.97～−9.17	(3，−12.0～−9.2)
重度	≥4	−22.96～−16.20	(≥4，>16.2)

因此，该等级判识指标包括 D 和 T_{cum} 两个判识要素，其中 D 是初始指标，T_{cum} 是辅助指标。根据 T_{min} 低于 1.9 ℃的连续天数 D 初步确定灾害等级，即 D 值为 1～2 d、3 d 和≥4 d 时，杏树幼果期低温冻害初步判识为轻度、中度和重度。再根据 T_{cum} 来修改初始判识结果。如果 T_{cum} 在阈值范围内，则维持原判识结果；如果 T_{cum} 大于阈值范围，则判识结果将降低一个级别，即中度校正为轻度，重度校正为中度。如果 T_{cum} 小于阈值范围，则判识结果提升一个级别，即轻度校正为中度，中度校正为重度。与基于 D 的初始判识指标相比，$f(D, T_{cum})$ 对轻度、中度和重度灾害的判识正确率分别为 0.93、0.86 和 0.86，总体准确率为 0.88(表 3.17)。

3.3.6 杏树幼果期冻害风险分析

3.3.6.1 杏树低温冻害风险指数 AFI 的构建

杏树低温冻害风险是指在给定的地理区域内，在一定时间内的灾害发生频率或重现性和趋势(Yang et al.，2022)。根据杏树低温冻害的理论模型，综合考虑了灾害过程及其发生概率，建立了杏树低温冻害风险指数 AFI，如下：

$$\mathrm{AFI} = \sum_{j=1}^{m}(P_j \times Q_j) \tag{3.9}$$

式中，m 为杏树低温冻害等级数量，Q_j 为不同等级杏树低温冻害的强度，P_j 为不同等级杏树低温冻害的发生概率。

3.3.6.2 杏树幼果期冻害风险特征

根据逐日 T_{min} 和杏树物候资料，计算得到研究区内 199 个气象站 1981—2020 年轻度、中度、重度杏树低温冻害的发生频率。大约 80%的杏树低温冻害为轻度，重度冻害的发生概率低于中度和轻度。在过去的 40 a，杏树低温冻害的发生频率呈现波动但显著($p<0.05$)下降的趋势(斜率为−0.01)。杏树低温冻害的最大频率出现在 1995 年，平均为 1.76 次，最小频率出现在 2002 年，平均为 0.62 次(图 3.18)。20 世纪 80 年代、90 年代，21 世纪 00 年代和 10 年代 AFI 的平均值分别为 1.66、1.40、1.12 和 1.13。1995 年的区域 AFI 值最高(2.28)，其次是 1987 年(2.25)和 1991 年(2.17)(图 3.19)。1981—2020 年 AFI 空间分布特征如图 3.20 所示。AFI 较高的

地区主要分布在西北地区，包括甘肃、宁夏和陕北，AFI 大于 1.5。杏树低温冻害的变化趋势呈空间差异性(图 3.20b)。29.65％站点的杏树低温冻害呈增加趋势，主要分布在研究区的西北部和中部，其中河北围场的增加速率最大(平均每 10 a 0.74 次)。

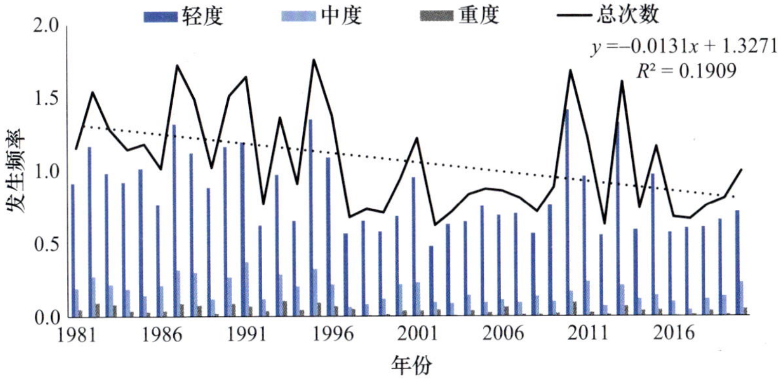

图 3.18 1981—2020 年华北温带杏区杏树低温冻害的发生概率

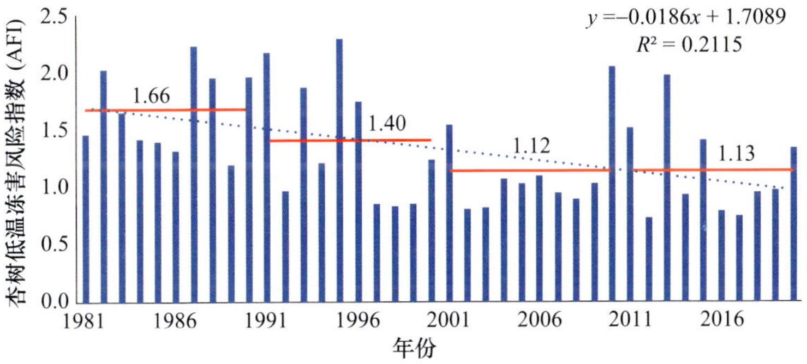

图 3.19 1981—2020 年华北温带杏区杏树低温冻害风险指数 AFI 的变化特征

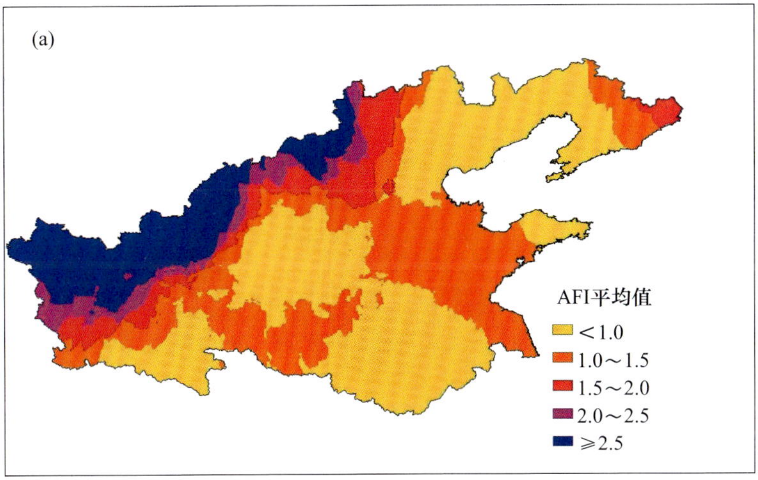

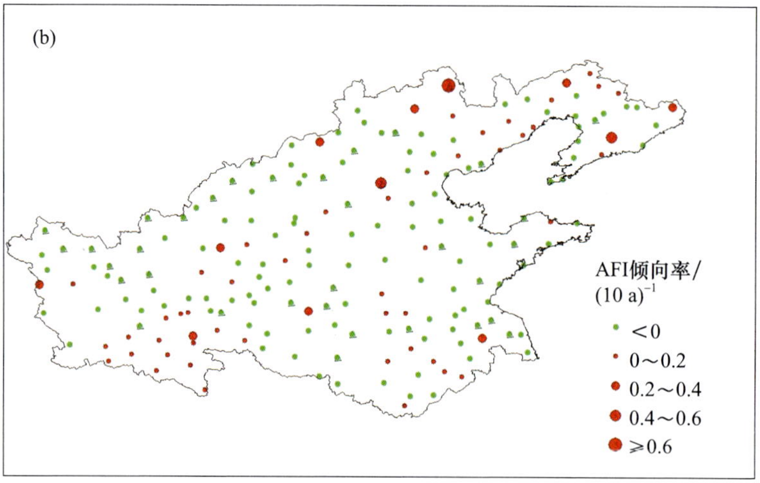

图 3.20　1981—2020 年华北温带杏区杏树低温冻害风险指数 AFI 的平均值空间分布(a)及趋势特征(b)

第 4 章

杏树花期及农事活动预报

杏树原产中国，栽培历史 3500 a 之久。其适应性强，因此栽培广泛。河北省是我国杏主产区，省内各个地市均有杏树栽培，但集中规模性种植在部分地市，其中张家口市杏树结果面积最大，邢台市鲜果产量最高。河北省杏树品种多样，从食用用途区分，可分为仁用杏、鲜食杏。邢台市的巨鹿县有河北杏之乡的美称，巨鹿杏产业从 1986 年起步，到 1992 年已成为该县最大的支柱产业。蔚县是河北省杏扁生产基地，杏扁是当地农民脱贫致富的主导产业，是绿化荒山保护生态的主要树种。本章以河北为例，研究杏树花期和农事活动预报方法及服务案例。

4.1 基于统计模型的杏树花期预报

河北巨鹿县杏树栽培已有 300 多年的历史，种植面积 4300 多公顷，年产量 50000 多吨，产值近 2 亿元，是全国最大的鲜食杏生产基地。杏树抗逆性强，结果早，果实发育期短、品质好，经济寿命长，是该县的主要种植树种。同时杏树对提高农民收入、改善生态环境效果明显，但杏生产仍存在产量不稳定的问题。其主要原因杏花芽休眠期短，春季萌芽及开花较早，易受晚霜危害，经常给杏的品质、产量带来巨大的影响。

以往诸多学者对杏树发育期进行了相关研究。宫恒瑞等(2018)在《达坂城杏花开花期预报方法初探》中，对杏花花期进行了初步探讨，但是达坂城地处新疆高原，海拔高度在 1500～3400 m，气温条件等与平原地区差距较大，所以建立本地区的气象指标极为重要。巨鹿地处太行山东麓，具有暖温带半湿润大陆性季风气候，四季分明。近年来巨鹿县政府高度重视杏花开放时间，积极组织开展杏花节活动，年吸引游客 40 万余人。所以准确预报杏花花期至关重要。

4.1.1 资料与方法

研究收集了巨鹿气象站2008—2020年的气象数据资料，及同期杏树始花期观测资料。采用相关分析法，分析始花期与各气象要素之间的关系，并利用逐步回归分析法得出关键气象因子，建立杏树始花期预报模型。

4.1.2 杏树花期统计预报模型

目前对于植物花期的预测主要有以下几种方法：(1)利用影响植物生长变化的主要气象因子，预报花期；(2)根据物候现象发生的顺序相关性规律，以前期发生的物候现象，对后期开花植物的花期进行预报；(3)通过测量植物花芽的形态变化，预报花期。

由于前期对杏树花期物候观测较少，缺少详细的杏花花期的数据作为研究样本，因此第(2)、第(3)种杏花花期预报的方法无法实现。所以在实际工作中，采用方法(1)：根据中短期(7～10 d)的天气预报产品，预测影响杏树开花的主要气象因子，进而判断是否达到相关指标来进行花期预报。

大量研究表明热量因子与果树花期开放早晚关系最为密切，研究发现，杏花花期与气温和积温都有着密切关系(表4.1)，花期平均气温在9～14 ℃之间，但2018年例外；而积温则较为稳定，≥0 ℃有效积温均在220 ℃·d以上(图4.1)。分析2018年花期平均气温较高的原因，发现2018年3月20—21日出现强降温过程，以巨鹿纪家寨杏园为例，3月20日最低气温−4.5 ℃，持续时间近4 h，直接导致花期延迟(2018年3月23日为始花期，除2011年、2012年较晚，其余年份均较早)，由于20日左右的降温过程对积温影响较大，直接导致了花期所需要的积温不够。由此可以判断积温对杏树花期的影响更为重要。

表4.1 巨鹿县近10 a杏树花期气候条件及开花期

年份	稳定通过5 ℃初日	稳定通过8 ℃初日	积温≥220 ℃·d日期	开花期	详细分段时间
2011	3月5日	3月26日	3月26日	3月26日—4月5日	
2012	3月23日	3月23日	3月31日	3月28日—4月5日	
2013	2月28日	3月23日	3月22日	3月23日—3月31日	

续表

年份	稳定通过5 ℃初日	稳定通过8 ℃初日	积温≥220 ℃·d日期	开花期	详细分段时间
2014	3 月 8 日	3 月 11 日	3 月 18 日	3 月 18 日—3 月 28 日	
2015	3 月 6 日	3 月 12 日	3 月 20 日	3 月 20 日—3 月 31 日	
2016	3 月 13 日	3 月 14 日	3 月 19 日	3 月 19 日—3 月 28 日	
2017	2 月 25 日	3 月 22 日	3 月 18 日	3 月 18 日—3 月 28 日	2 月 26 日—3 月 17 日花芽萌动，3 月 18 日初花，22—23 日盛花
2018	3 月 7 日	3 月 22 日	3 月 23 日	3 月 23 日—3 月 28 日	3 月 7—22 日花芽萌动，3 月 23 日初花，24—25 日盛花
2019	2 月 28 日	3 月 3 日	3 月 18 日	3 月 18 日—3 月 28 日	2 月 27 日—3 月 18 日花芽萌动，3 月 19—21 日初花，22—25 日盛花
2020	3 月 1 日	3 月 6 日	3 月 14 日	3 月 16 日—3 月 23 日	3 月 3—14 日花芽萌动，3 月 15—17 日初花，18—21 日盛花

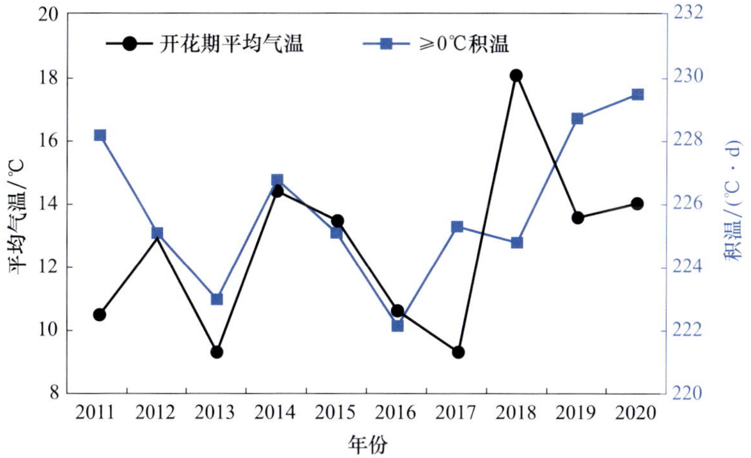

图 4.1　巨鹿县 2011—2020 年杏树花期平均气温和积温

杏树在生长发育期需要光合作用，光合作用过程中需要许多酶，春季气温升高使生物酶活性增加，积温达到需求时就会开花。在一定的程度上，气温与积温是成正比例的，气温越高，积温越高。

4.1.2.1 杏树始花期历年出现规律

巨鹿县杏树始花期集中在3月中、下旬，最早3月16日(2020年)，最晚4月2日(2012年)。随着气候变暖，杏树始花期有明显提早趋势，2020年较2012年提早17 d，平均每年提早2 d，而且始花期年际的波动较大，变异系数为0.059(变异系数=标准差/均值)(图4.2)。

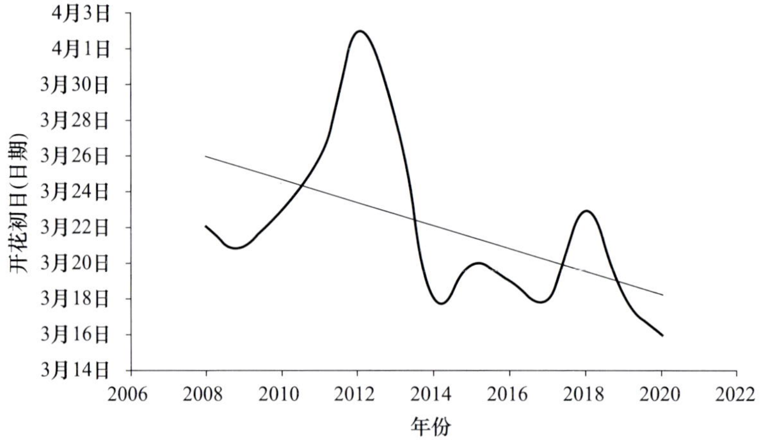

图4.2 巨鹿县2008—2020年杏树始花期日期

4.1.2.2 杏树始花期与气温的关系

为方便统计，将始花期转变成日序统计历年始花期。以1月1日为始日，统计至初花日最高气温、至初花日最低气温、大于0 ℃有效积温、至初花期平均最高气温、至初花期平均最低气温、至初花日平均气温、至初花日累计降水量、至初花日累计日照时数、1月上旬—3月下旬各旬平均最高气温，滑动平均气温大于5 ℃初日至初花日平均最高气温、大于5 ℃的有效积温、统计上述气象因子与始花期之间相关系数。

通过分析19个气象要素与始花期的相关性(表4.2)可以看出，巨鹿杏花开花初日与3月中旬平均最高气温、1月1日至初花期的平均最高气温、至初花期的平均气温相关性最大，其中3月中旬平均最高气温相关系数高于0.7，并通过0.01显著性水平检验，即3月中旬平均最高气温越高，花期越早。

表4.2 杏树始花期日序与各气象因子之间的相关系数

气象因素	Pearson 相关	显著性(双侧)
1月1日至初花日最高气温	0.339	0.281
1月1日至初花日的最低气温	−0.370	0.237
≥0 ℃有效积温	0.289	0.363
1月1日至初花期的平均最高气温	−0.707*	0.010

续表

气象因素	Pearson 相关	显著性(双侧)
1 月 1 日至初花期平均最低气温	−0.479	0.115
1 月 1 日至初花期日平均气温	−0.684*	0.014
3 月上旬平均最高气温	−0.302	0.341
3 月中旬平均最高气温	−0.715**	0.009
3 月下旬平均最高气温	−0.206	0.520
滑动平均气温≥5 ℃初日至开花期的平均最高气温	0.398	0.201
≥5 ℃的有效积温	0.422	0.172
1 月上旬平均最高气温	−0.491	0.105
1 月中旬平均最高气温	−0.292	0.357
1 月下旬平均最高气温	−0.569	0.054
2 月上旬平均最高气温	−0.330	0.295
2 月中旬平均最高气温	−0.369	0.238
2 月下旬平均最高气温	−0.360	0.250
1 月 1 日至初花日降水	−0.049	0.880
1 月 1 日至初花日光照	0.506	0.093

注：*，** 分别表示通过 0.05、0.01 显著性水平检验。

4.1.2.3 始花期预报模型的建立

根据始花期与气温的相互关系，将始花期日序作为因变量，3 月中旬平均最高气温作为自变量，采用线性回归逐步分析法建立杏花始花期预报模型，通过方程系数模型，得到 1 个预测模型：

$$Y=103.829-1.323X \tag{4.1}$$

在数据模型中，Y 代表始花期日序，X 为自变量。在方程系数模型中 sig 值是 t 值统计量对应的概率值，一般来说 t 值和 sig 值是等效的，sig 值意为“显著性”，分 0.05，0.01 和 0.001 三个显著性水平。模型的 sig 值为 0.009，通过了显著性水平检验。

4.1.2.4 模型的检验与讨论

将历年气象数据代入模型，Y 值为 1 月 1 日起加上间隔天数即为始花期，将数值与实际观测日期作对比，发现 2017 年、2012 年、2011 年误差在 5 d 以上，2016 年、2014 年、2009 年误差均在 3 d 左右，其余年份误差在 1 d 内。气象学上通常将模型预报偏差在 3 d 以内即为准确，那么该模型预报准确率 75.0%，拟合度较高。

2021 年花期较往年提前较多，且持续时间较长。巨鹿县杏花 3 月 10 日开放，3 月 12—15 日进入始花期，3 月 16—18 日进入盛花期，3 月 20 日进入开花末期。

2021年巨鹿县3月中旬平均最高气温14.6 ℃，按照模型推演，杏树开花期在3月25日左右，与实际日期偏差较大(表4.3)。上述情况是由于2021年2月巨鹿经历了高温热浪，其中2021年2月19—21日气温均超过20 ℃，21日最高气温更是达到27 ℃。2月较高的气温，直接导致了杏树的过早发育，杏花提前开放。

表4.3 杏树花期模型模拟检验

年份	观测日序	模拟日序	差值
2008	82	81.470	0.530
2009	80	76.708	3.292
2011	85	79.354	5.646
2012	93	87.953	5.047
2013	87	85.439	1.561
2014	77	80.544	3.544
2015	79	80.809	1.809
2016	79	83.323	4.323
2017	77	82.529	5.529
2018	82	82.926	0.926
2019	77	76.972	0.028
2020	76	75.914	0.086

4.2 基于机理模型的杏树花期预报

杏树休眠期短，春季萌芽、开花较早，早春气温波动较大，杏花期极易遭受晚霜低温的危害，影响授粉、受精，甚至冻坏花朵，造成减产，甚至绝收。据初步统计河北省自2001年以来，出现杏花期冻害年份的概率为85%。2008年4月22—24日出现晚霜冻，处于盛花期的杏扁遭受严重冻害(李瑞平 等，2016)，2018年4月5—6日出现霜冻害，中北部杏树普遍遭受低温冻害，造成不同程度减产，部分地区绝收。因此花期冻害已成为河北杏产业发展的制约性因素之一。

有关杏花期冻害有诸多学者进行了相关研究。在杏花受冻生理方面，蔡倩等(2016)在花期低温对仁用杏花粉活力及坐果率的影响进行了研究，结果显示杏花期霜冻坐果率降低的根本原因是授粉树花粉耐寒性差，造成花粉受冻，发芽率降低；李疆等(2001)对花期低温对仁用杏花器官危害程度的影响进行了分析，得出同一低温条件下，不同花器官受冻轻重程度依次为花蕾、子房、柱头、幼果的结论；段雯瑜等(2017)应用实时 MICAPS 气象资料和地面观测资料,对 2014 年 5 月 3—5 日张家口杏扁种植区出现的严重霜冻害形成的天气过程、前期气候背景、预报经验指标等进行了分析,得出连续的冷平流作用和强烈发展并稳定维持在张家口北侧的东北低压,是造成低温霜冻持续时间长的关键系统;李效珍等(2014)利用气象资料及杏树花期物候资料,采用气象统计和灾害调查相结合的方法,对杏花期冻害发生规律进行了分析,针对防御花期冻害提出了建议。以往的研究多侧重于对杏花期冻害机理或者灾害发生规律进行分析,对杏花期冻害预报预警相关研究则鲜有报道。

杏花期冻害预警首先做好准确的杏花期预报。目前国内对杏花期预报研究方法多为数理统计模型。如:宫恒瑞等(2018)利用候平均气温和开花期前≥0 ℃的积温作为指标来预测达坂城杏花开花期;贾化川等(2014)利用临朐县 1998—2013 年的杏花花期观测资料及同期的气象资料,采用相关分析和逐步回归方法建立了杏花花期预报模型。有关其他果树花期预报方法,国内外除了统计模型外,多见物候模型预报方法,如 Darbyshire 等(2017)基于全球南北半球不同区域的 14 个站同一品种的苹果花期数据,评估了 4 个花期模型对气候变化的适应性;张爱英等(2014)利用从机理上探讨物候期发生条件的物候模型和用统计方法拟合物候期与气候因子关系的统计模型来预报北京观赏植物开花期,并将预报效果进行了对比,结果显示物候模型预报效果好于统计模型;邬定荣等(2019)在进行陕西苹果花期预测的时候,针对 4 个机理性物候模型——顺序模型(SM)、平行模型(PM)、深度休息模型(DRM)和热时模型(TTM)的预报效果进行了对比,最后得出基于积温理论的热时模型预报效果最佳的结论;刘亚辰等(2014)介绍了物候学方法在历史气候变化重建中的应用,并指出在重建历史温度变化研究中,最常用来模拟物候期的过程模型是春暖(Spring Warming)模型。

采用基于植物对环境因子的响应机理而建立的可模拟植物生长发育的物候模型作为花期预报模型,结合杏花期冻害气象等级指标对杏花期冻害预警,预警结果可为河北省杏产区有效防御花期冻害提供科学依据。

4.2.1　数据来源及处理

4.2.1.1　物候数据

在河北省杏种植区收集了蔚县、巨鹿、石家庄、沧州四个站点自 1980—2020 年共 66 条记录(每个站点的 1 条开花期观测记录为 1 个样本量)(表 4.4),其中蔚县和巨鹿的物候期数据来源于当地气象局,石家庄的物候资料来源于河北省农林科学院,沧州的数据来源于河北省沧州市农林科学院。

表 4.4　物候数据年份及来源

站点	物候观测年份		数据来源
	建立模型样本	预警检验样本	
蔚县	1980—1997,2003—2017	2018—2020	蔚县气象局
石家庄	2011—2017	2018—2020	河北省农林科学院
沧州	2011—2017	2018—2020	河北省沧州市农林科学院
巨鹿	2011—2017	2018—2020	巨鹿县气象局

4.2.1.2　气象数据

蔚县、巨鹿、石家庄、沧州四个站点逐日平均气温数据来源于河北省气象信息中心，站点分布情况见图 4.3。

图 4.3　研究区域和观测站分布

4.2.2　研究方法

4.2.2.1　花期机理物候模型

利用基于积温理论的春暖模型(spring warming model,SW 模型)建立河北省杏花期预报模型。春暖模型是常见的机理物候模型中较为简单的模型之一，包含 t_0、

T_b、W 三个参数，计算式为(Cannell et al. ,1983)：

$$W = \sum_{t_0}^{y} g(x_t) \tag{4.2}$$

$$g(x_t)=\begin{cases} 0 & x_i < T_b \\ x_t - T_b & x_i \geqslant T_b \end{cases} \tag{4.3}$$

式中，W 为植物完成某一指定物候期发育所需积温阈值；x_i 为发育期内第 i 日的平均气温；$g(x_t)$为高于某一界限温度值的累积温度(简称积温)，代表了植物的发育进程。T_b 为界限温度，t_0、y 分别是积温开始累积和结束的时间，通常以日序来表示。

过程模型参数确定的方法采用最小二乘法，即找出一组模型参数使得模型模拟值与观测值之间的误差平方和最小。最优参数使用差分演化全局优化算法在表 4.5 所示的参数空间寻优，该空间可以覆盖大部分植物花期发育阈值(Črepinšek et al. ,2006；屈振江 等，2016)。

表 4.5 参数寻优空间

参数	最小值	最大值
W/℃	0	1000
t_0	1	120
T_b/℃	0	10

由于杏树物候期历史资料观测收集难度大，本节在河北省范围内收集了巨鹿、石家庄、沧州、蔚县四个站点自 1980 年以来的花期物候资料。因收集的物候期资料属于同一树种，参考仲舒颖等(2017)用全国 42 个站点共 198 个样本建立了全国杏树花期预报模型，检验结果表明可以准确地模拟多个站点和年份的花期；并参考 Darbyshire 等(2017)利用全球南北半球不同区域共 14 个站点相同品种的苹果花期数据，建立 4 个苹果花期预报模型的方法，本书采用了一套花期模型参数进行河北省杏树花期模拟。

4.2.2.2 花期模型的检验

模型检验通过内部检验和交叉检验两部分进行。内部检验用全部观测年份拟合出的参数模拟开花期日序，得到内部检验序列；交叉检验采用逐个剔除法，即将某一年的观测值剔除后，利用其他年份的观测值拟合参数，模拟出被剔除年份的开花期，将观测值逐一剔除后得到交叉检验序列。将观测序列分别与内部检验序列和交叉检验序列对比计算，得到内部检验和外部检验的均方根误差(RMSE)和方差解释量(R^2)；同时分别计算模拟序列与观测序列相差≤3 d 和≤5 d 的准确率(%)。

4.2.2.3 杏花期冻害指标温度阈值

杏树原产中国北方，能适应较低的温度，杏休眠期间能抵抗－30～－40 ℃的低温，但早春花芽萌动，花器抵抗低温的能力下降，花朵仅能抵抗－2～－1 ℃低温（张加延 等，2003），根据研究以及河北省实地灾情调研，综合以上参考文献、灾情实况等资料，选用杏花期冻害指标为（表 4.6）：日最低温度－3～－2 ℃时，冻花率在 10%以上，为轻度冻害；日最低温度小于－3 ℃时，冻花率在 50%以上，为重度冻害。

表 4.6　杏树花期冻害气象等级指标

日最低温度/℃	冻花率	冻害等级
$-3 \leqslant T_{min} \leqslant -2$	≥10%	轻度
$T_{min} < -3$	≥50%	重度

注：T_{min}为杏树花期日最低气温。

4.2.3　杏花期预报模型及检验

利用春暖模型建立了河北省杏花期预报模型，其参数 W 为 199，t_0 为 55，T_b 为 4.2，模型检验结果见表 4.7。模型的内部检验和交叉检验的方差解释量（R^2）分别为 0.89 和 0.86，均通过了显著性检验。内部检验和交叉检验的均方根误差（RMSE）分别为 4.38 和 4.92。内部检验模拟误差≤3 d 准确率为 59.26%，交叉检验模拟误差≤3 d 准确率为 56.70%；内部检验模拟误差≤5 d 准确率为 85.19%，交叉检验模拟误差≤5 d 准确率为 75.93%。内部检验的准确率高于交叉检验。

表 4.7　河北省杏树花期模型检验结果

	RMSE	R^2	≤3d 准确率/%	≤5d 准确率/%
内部检验	4.38	0.89**	59.26	85.19
交叉检验	4.92	0.86**	56.70	75.93

注：*、** 分别代表 $P<0.05$ 和 $P<0.001$。下同。

由实际观测值与模拟值的对比图（图 4.4）可以看出，模拟值与实际观测值有较高的相关性，模型可以较好地模拟出开花期日序。从 4 个观测站的单站检验结果（表 4.8）来看，模型在巨鹿、石家庄、蔚县三站均通过了显著性检验，且均达到 0.05 显著性水平，其中蔚县内部检验和交叉检验均通过了 0.001 显著性水平检验，巨鹿交叉检验通过了 0.001 显著性水平检验，表明模型在巨鹿、石家庄、蔚县站可以用于模拟杏开花期预报，其中模型在蔚县模拟效果最好。模型在沧州没有通过显著性检验，说明模型在该站模拟杏开花期效果不佳。巨鹿在内部检验和交叉检验中 RMSE 最低，在内部检验中石家庄 RMSE 最高，交叉检验中沧州 RMSE 最高。

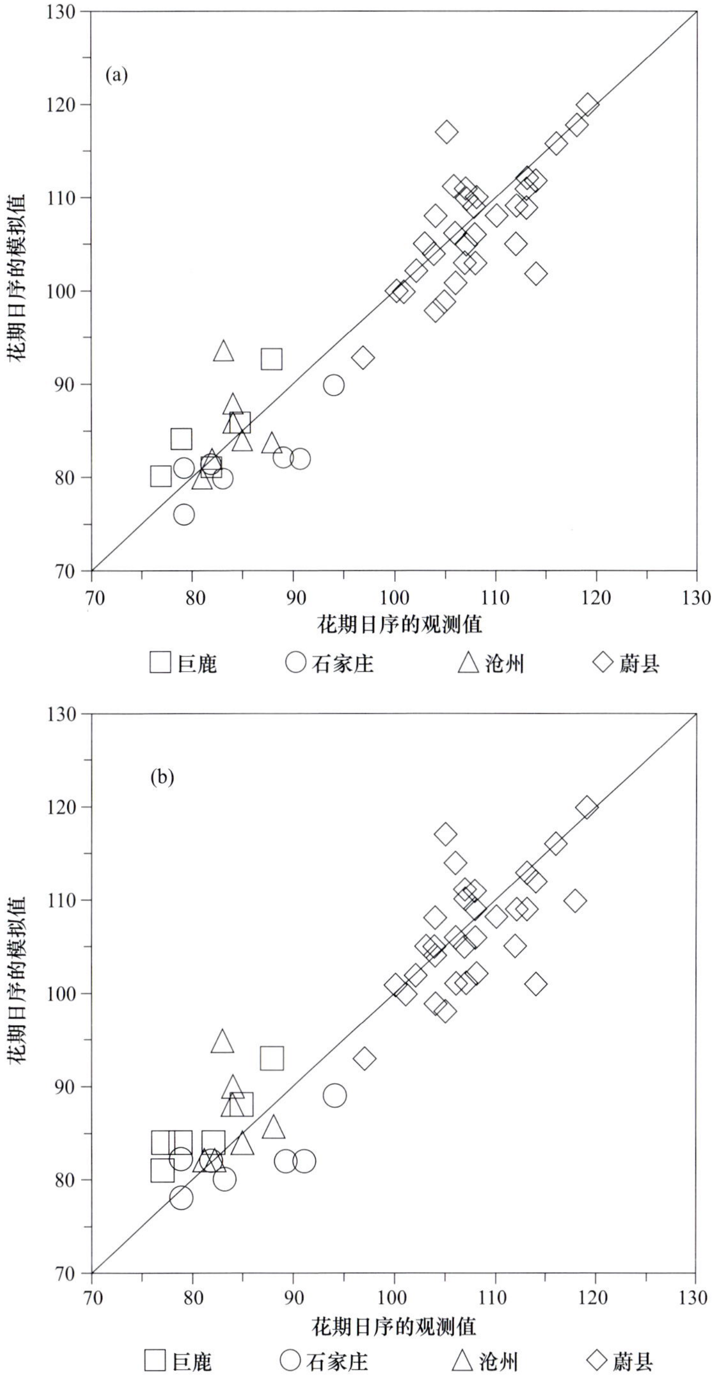

图 4.4　花期日序观测值与模拟值的比较

(a)内部检验;(b)交叉检验

表 4.8　杏树花期模型分站检验结果

站点	内部检验		交叉检验	
	RMSE	R^2	*RMSE*	R^2
巨鹿	3.68	0.75*	4.68	0.85**
石家庄	4.90	0.61*	4.99	0.55*
沧州	4.77	0.01	5.37	0.02
蔚县	4.31	0.53**	4.85	0.42**

4.2.4　基于杏树花期预报模型的冻害预警及检验

4.2.4.1　杏树花期预报及检验

利用建立的河北省杏花期模型对巨鹿、石家庄、沧州、蔚县四个站点 2018—2020 年的杏花期进行预报，预报结果见表 4.9。巨鹿和蔚县 3 a 预报值和观测值误差均在 3 d 以内，预报准确率较高；石家庄误差均在 5 d 以内；沧州 2018 年预报值与观测值相差 2 d，2019 年和 2020 年误差均大于 5 d，预报误差较大。

表 4.9　2018—2020 年杏树开花期观测值与模型预报值

	巨鹿		石家庄		沧州		蔚县	
	观测值	模型预报	观测值	模型预报	观测值	模型预报	观测值	模型预报
2018 年	3 月 23 日	3 月 25 日	3 月 26 日	3 月 27 日	3 月 23 日	3 月 25 日	4 月 1 日	3 月 31 日
2019 年	3 月 18 日	3 月 17 日	3 月 19 日	3 月 18 日	3 月 25 日	3 月 16 日	4 月 10 日	4 月 13 日
2020 年	3 月 16 日	3 月 16 日	3 月 16 日	3 月 21 日	3 月 26 日	3 月 18 日	4 月 8 日	4 月 5 日

4.2.4.2　杏树花期冻害预警及检验

根据查询气象数据以及灾情调研，巨鹿、石家庄两站在 2018—2020 年间没有发生杏树花期冻害；蔚县在 2018 年出现杏树花期重度冻害，4 月 4—7 日出现强降温天气过程，连续四天最低气温低于－3 ℃，使正处于开花盛期杏花全部受冻，当年几乎全部绝收，2019 年和 2020 年没有出现杏花期冻害；沧州 2019 年出现杏树花期重度冻害，3 月 31 日最低气温－3.5 ℃，致使杏花受冻，当年减产 50%以上，2018 年和 2020 年没有出现冻害。巨鹿、石家庄、蔚县三站杏树花期冻害预警模型的预报与实况一致，沧州 2018 年和 2020 年预报与实况一致，只有 2019 年预报和实况不吻合(见表 4.10)。

表 4.10 2018—2020 年杏树花期冻害实际等级与模型预报

	巨鹿		石家庄		沧州		蔚县	
	实际发生	模型预报	实际发生	模型预报	实际发生	模型预报	实际发生	模型预报
2018 年	无	无	无	无	无	无	重度	重度
2019 年	无	无	无	无	重度	无	无	无
2020 年	无	无	无	无	无	无	无	无

该研究基于机理物候模型，利用巨鹿、石家庄、沧州、蔚县四个站点 1980—2017 年的物候观测资料和逐日平均气温，构建了河北省杏树花期模型，在杏树花期模型的基础上，结合河北省杏树花期冻害等级指标，进行了花期冻害预警，冻害预警与实际冻害基本一致，该研究结果可为河北省春季杏花冻害防御提供科学依据。

该研究利用河北省 4 个站点共 66 条物候期数据以及相应气象站点逐日平均气温建立河北省杏花期模型并检验，模型整体检验结果可以较好地模拟杏花期，与前人的研究结果相一致，但之前的研究并没有做分站点的检验工作，本书对杏树花期模型分站点检验结果表明，在巨鹿、石家庄、蔚县三站可以用于模拟杏树开花期，其中模型在蔚县模拟效果最好，而在沧州站模型检验结果不理想。由此看来杏花期受多个环境因素影响，用一套参数模拟不同站的花期个别站点会产生较大的误差，这与邬定荣等(2019)在评价陕西苹果花期模型时得出的结论一致。

4.3 杏果采收期预报及服务

4.3.1 鲜食杏采收期

鲜食杏不同品种，其成熟所需积温不同，以河北巨鹿县为例，当地常见品种有“金太阳”“串枝红”“水白杏”“蜜蜡白杏”等。“金太阳”自发芽到果实成熟，生育期 50 多天，“串枝红”在 80 余天，“水白杏”“蜜蜡白杏”生育期介于 2 者之间。“金太阳”通常在 5 月 20 日左右成熟，随着气温偏高，成熟期稍有提前；“水白杏”在 6 月 5 日左右成熟，“串枝红”在 6 月 20 日左右成熟。巨鹿县杏树采收期一般从 5 月 20 日开始，到 6 月 20 日后结束。

4.3.2 鲜食杏采收期气象服务

鲜食杏采收气象服务从进入采收期开始，开展逐日滚动气象服务，服务产品个例见图 4.5。

杏树果实采收期滚动天气预报

2021 年 9 期

巨鹿县气象局　　　　2021 年 6 月 21 日

杏树果实采收期天气及采收技术介绍

一、天气实况（6 月 14 日~6 月 20 日）

气温：全县平均气温 26.7℃，较去年同期（25.1℃）偏高 1.6℃，较常年同期（26.5℃）偏高 0.2℃。6 月 19 日、20 我县出现 36℃以上高温天气。气象局最高气温 36.8℃（6 月 20 日），最低气温 20.2℃（6 月 19 日）。区域站最高气温 39.3℃（乍朴寨站 6 月 19 日），最低气温 16℃（小吕寨站 6 月 19 日）。

降水：全县平均降量 16.9 毫米。最大堤村 42.6 毫米。降水主要出现在 14 日和 16 日夜间。

6 月 14 日～20 日巨鹿县各站点降水量（单位：毫米）

堤村	纪家寨	张王疃	小留庄	官亭	杏博园	后辛庄	小屯头	小王路
42.6	37.1	32.5	27.3	22.5	21.2	18.0	16.1	15.9
中吴	王虎寨	西郭城	贾家街	苏石鹿	小吕寨	乍朴寨	气象局	赵庄
15.7	11.9	10.8	10.6	9.2	9.2	8.6	8.2	3.1

二、本周天气趋势（6 月 21 日～6 月 27 日）

预计本周：我县 25 日夜间到 26 日白天阴有雷阵雨或阵雨，雷雨时局地可能伴有短时强降水、短时大风、个别地点冰雹等强对流天气，其他时段以多云天气为主，请防范。具体预报如下：

今天下午到夜间：多云，偏北风 2～3 级转 3～4 级，23～38℃。

明天白天到夜间：多云，偏北风 3～4 级转 2～3 级，23～33℃。

23 日白天到夜间：多云，偏北风 3～4 级转 2～3 级，22～31℃。

24 日：多云，偏北风转偏南风 2～3 级，23～35℃。

25 日：多云转阴有雷阵雨或阵雨。

26 日：阴有雷阵雨或阵雨转多云。

27 日：晴间多云。

三、杏树果实采收技术介绍

鲜用及鲜食加工兼用杏果不耐贮运，须在七八分成熟时采收，采果时尽量减少碰伤。现有的苹果和梨等的包装筐不适于杏的包装，最好使用高度不超过 20 厘米的扁平条筐或木箱，以减少挤压。

杏成熟期比较集中，大面积栽培中必须做到：严格选择和搭配品种，排开成熟期，减少采收压力；②按加工、鲜食需要，分期采收压力；③积极试验运用催熟剂和抑熟剂，以调节成熟期。据试验，七成熟青杏（水杏），用 1000×10 -6 乙烯利浸 5～10 分钟，在室温下存放 3 天，果色变黄、肉软、酸味消失。

图 4.5　杏树采收期气象服务个例

4.3.3　鲜食杏采收注意事项

鲜用及鲜食加工兼用杏果不耐贮运，须在七八分成熟时采收，采果时尽量减少碰伤。现有的苹果和梨等的包装筐不适于杏的包装，最好使用高度不超过 20 cm 的扁平条筐或木箱，以减少挤压。

杏成熟期比较集中，大面积栽培中必须做到：①严格选择和搭配品种，排开成熟期，减少采收压力；②按加工、鲜食需要，分散采收压力；③积极试验运用催熟剂和抑熟剂，以调节成熟期。据试验，七成熟青杏（水杏），用 1000×10^{-6} 乙烯利浸 5～10 min，在室温下存放 3 d，果色变黄、肉软、酸味消失。

杏果实达到采收成熟度时再采收，此时的标志是杏果达到了品种所固有的大小，果面由绿色转为黄绿色，果实的向阳面呈现出品种所固有的色调和色相，果肉仍保持坚硬，但营养物质的积累已经达到了足够的程度。用于远销外地和出口的杏果，应当于此时采收，以便有足够的时间进行包装和运输，当到达消费市场时，果实品质也达到了最佳状态。而用于当地市场消费，特别是用于鲜食的杏果，应当等果实达到消费成熟度时再采收，此时，杏果不但在外观上达到了品种所固有的大小和颜色，也出现了品种所固有的风味和香气，果肉由硬变软。一般消费成熟度晚于采收成熟度之后 3～5 d。在有良好的运输条件和接近市场的情况下，应当尽量在果实达到消费成熟度时采收，因为此时采收可以有更大的果实和更好的果实品质，更为消费者所欢迎。在运输条件较差的情况下（道路崎岖不平，运输工具不良），则宜提前到采收成熟度时采收，以减少损失。

第 5 章

杏树种植气候适宜性区划

杏(*Prunus armeniaca L.*)是原产于中国的特色果树之一,在我国有着悠久的栽培历史,具有鲜食、仁用、观赏、加工四个方面的功能和较强的抗逆性,是改善我国生态环境,增加农民经济收益,实现乡村振兴的优良树种(贾克礼 等,1990;张加延 等,2015,2003)。但目前我国杏产业受自然气候条件的制约较大,易遭受倒春寒、晚霜的影响,造成杏树减产甚至绝收(徐德源 等,2007;于希志 等,2009;陈丛敏 等,2014)。选择不适合杏树生长的区域盲目扩大生产规模会造成单位面积产量较低、产量波动较大等问题,给广大农民造成严重经济损失。因此,选取科学的方法对杏树进行气候适宜性区划、合理安排杏树生产布局,有利于充分利用农业气候资源,避免或减少气象灾害对杏树产量的限制,推进杏产业高产高效发展。

农业气候区划是指通过对不同地区的气象条件进行分析,根据对农业分布具有显著影响的气候指标,遵循农业气候相似原理和地域分布规律,将一个地区划分为若干个农业气候区域。目前国内已经有少量针对杏树气候适宜性区划的研究,舒东膂(1999)和王伟新(2020)等人分别对湖南省和甘肃陇东的杏树进行了区划工作;程林仙等(2001)依据影响仁用杏生育的主要气候要素(≤0 ℃终日、≥10 ℃积温、年降水量)对陕甘宁老区的仁用杏进行了气候区划;德永军等(1999)根据大扁杏的生物学、生态学特性对内蒙古大扁杏栽培区进行了区划。但这些研究的空间尺度存在较大差异,缺乏全国性的统一区划,且多数研究成果对气候指标的选择过于依赖人为主观判断,缺少定量化、客观化标准。通过 GIS(地理信息系统)和其他模型对杏树进行的精细化气候适宜性区划的研究还比较少,使研究成果的应用受到限制,制约了全国尺度下对杏树生产布局的指导及产业发展政策的制定。

最大熵模型(MaxEnt)是被广泛应用的物种分布模型之一,仅需要已知物种的分布信息和相应的环境变量即可进行潜在适生区分析。最早由 Philips(2004)将其应用到探究物种潜在分布领域,目前已经被广泛用于农作物的气候适宜性区划和物种适生区推测的相关研究。王茹琳等(2019)采用 MaxEnt 生态位模型预测了美味猕猴桃在中国的潜在适宜分布;He 等(2012)利用 MaxEnt 模型和 ArcGIS 研究了我国夏玉米的潜在种植区。多个研究表明,最大熵模型可以在物种分布数据较少时取得较为精确的预测物种的潜在分布(徐军 等,2015;Elith et al. ,2011)。此外,MaxEnt 模型可以通过最大熵模型中的刀切法检验每个环境变量对物种生存的重要性,不需要依靠人的主观判断,选取的主导气候因子更具客观性(Elith et al. ,2011;Pearson et al. ,2007)。

目前国内对应用最大熵模型进行杏树的全国尺度的气候适宜性区划的研究鲜有报道。本书基于中国杏树的地理分布数据和相关的气象数据,利用 MaxEnt 模型和 ArcGIS 软件的空间分析技术,探究影响中国杏树地理分布的主导气候要素,揭示中国杏树的潜在种植区并划分适生等级,对杏树潜在适生区的气候特征进行相关分析,为充分利用农业气候资源,合理规划杏树生产布局提供科学依据和理论支撑。

5.1 数据来源及处理

5.1.1 杏分布点数据

杏树的分布点数据来源于各省市的统计年鉴、《中国果树志·杏卷》《中国杏地方品种图志》和地方政府及林业局网站公布的相关信息。我国杏树按照用途可以分成鲜食杏、仁用杏和观赏杏三种,为满足农业生产的需要,本书以鲜食杏为主,仁用杏为辅进行气候适宜性区划,因此需要将仁用杏与鲜食杏的数据分开进行收集,提取到的地理分布信息用相应气象站点及其经纬度表示,在缺乏气象站点的分布点,利用网站(http://www.geonames.org/)查找其对应经纬度数据,按照种名、用途、经度、纬度顺序整理,校对并删除记录模糊、生产用途不明确的分布点。此外,由于本研究是对自然气候条件下的鲜食杏进行气候适宜性区划,因此采用温室大棚等人为因素影响较大的措施进行杏树生产的分布点也予以剔除,收集得到的 380 个鲜食杏地理分布点如图 5.1 所示。

5.1.2 鲜食杏地理标志产品分布数据

地理标志农产品是指品质和特征取决于产地自然条件和历史人文,并以产地冠名的特有农产品(邹强 等,2021;刘平,2019),利用全国农产品地理标志查询系统(http://www.anluyun.com/),收集鲜食杏地理标志产品的分布点 22 个(图 5.1),并与区划结果比对,以检验本文区划结果的准确性。

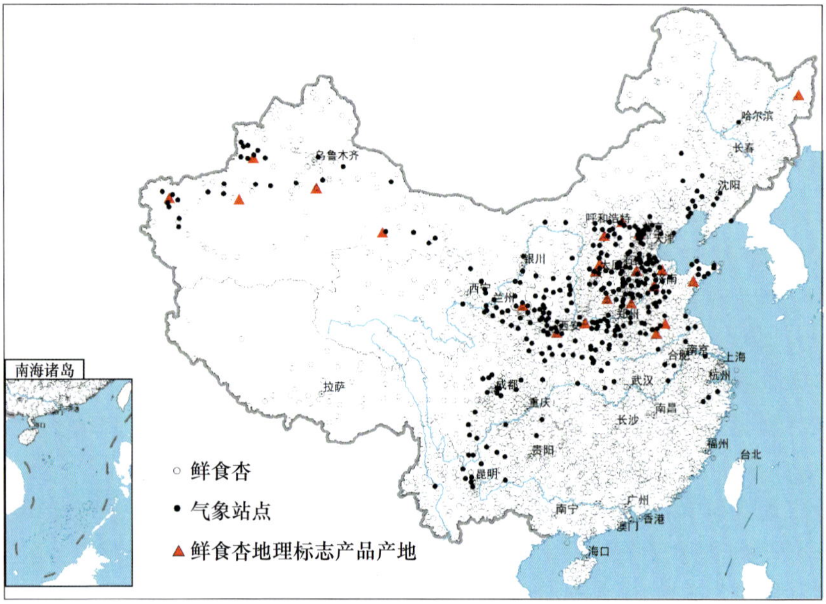

图 5.1　鲜食杏地理分布、区划所用气象站点及鲜食杏地理标志产品位置

5.1.3　仁用杏主产区分布数据

国家林业和草原局发布的《仁用杏产业发展指南》(简称《指南》)中根据气候类型规划了适宜仁用杏发展的核心区域，利用 ArcGIS 软件将这四个核心发展区域进行标记(图 5.2)，再根据《指南》以及刘宁等(2004)对目前仁用杏主产区的描述，将 4 个核心发展区域、仁用杏主产区与本研究给出的区划结果比对检验。

5.1.4　气象数据与地理数据

本书所用气象数据来源于国家气象信息中心提供的 1981—2020 年间中国 2481 个基本气象站的逐日气象观测数据，主要包括最高和最低气温、平均温度、降水量、日照时数、风速和相对湿度。针对数据集中存在部分气象数据缺失的情况，为确保用于分析的数据具有准确性和完整性，本研究利用同一时期历史记录值的平均值插补缺失数据，并剔除存在全年数据缺失的站点。最终，获取了完整的 2303 个气象站 1981—2020 年的气象数据，气象站点分布见图 5.1。

本文中利用的海拔数据来源于地理空间数据云网站提供的 90 m 分辨率 DEM 数据，利用 ArcGIS 软件的相关功能，对数据范围进行拼接裁剪并提取出海拔高度，利用 ArcToolbox 中的转换工具将栅格数据转换为 ASCII 格式备用。

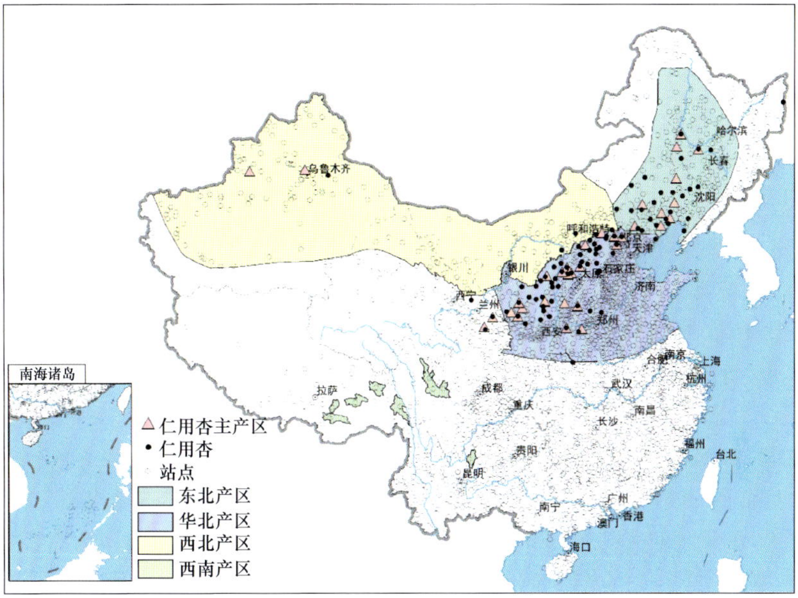

图 5.2　仁用杏地理分布、区划所用气象站点和仁用杏核心产区位置

5.2　研究方法

5.2.1　MaxEnt 模型

最大熵理论是 Jaynes 在 1957 年提出的，指的是在充分满足已知条件的情况下，对未知情况不进行任何主观假设，通过这种方式对随机事件的概率分布进行的预测最均匀，熵最大，预测风险也最小（Jaynes，1957）。最大熵模型是基于最大熵理论构建的生态位模型，通过寻找在约束条件下熵最大的分布（即最接近均匀的分布），预测研究区域内能够满足物种生态位需求的区域，并对物种的潜在分布进行预测（Anderson et al.，2004）。Phillips 等基于 MaxEnt 模型编写了 MaxEnt 软件（Phillips et al.，2004），本研究采用的是此软件的 3.3.3k 版本，依靠已知鲜食杏和仁用杏的分布点和相关环境变量分别对两种杏树的潜在适生区进行预测。

为探究影响鲜食杏和仁用杏潜在分布的相关环境变量，本研究通过查阅文献的方式，对潜在环境因子进行了初步筛选。此外，潜在气候因子之间的相关性过高可能会放大环境因子的贡献，影响模型精度（邬定荣 等，2021），因此，本研究利用 SPSS 软件中的 Pearson 法对初步选取的潜在环境因子进行了相关分析，并在确定主导环境因子时去除相关性大于 0.8 且对模型贡献较小的因子。

将筛选出的潜在环境因子的气候数据和鲜食杏与仁用杏的分布点数据分别导入最大熵模型中，并将 75%的分布点作为训练数据，其余 25%用作测试数据，勾选 Jacknife 结果和响应曲线，设定中将重复设为 10 次，运行模型。通过 MaxEnt 模型得到的 ROC 曲线（receiver operating characteristic curve），即受试者工作特征曲线来检验模型精度，ROC 曲线下方面积可以用 AUC 值（Area Under Curve）表示，AUC 值越大模型的精度越高。评价标准如下：当 AUC 值为 0.5—0.6 时，模拟失败；AUC 值在 0.6—0.7 之间时，模拟效果较差，AUC 值为 0.7—0.8 时，模拟效果一般，当 AUC 值为 0.8—0.9 时效果良好，大于 0.9 时模拟效果优秀（段居琦 等，2012）。

当模型模拟效果达到良好及以上标准时，依据模型给出的贡献百分率、置换重要性和刀切法结果，分别确定对鲜食和仁用杏地理分布具有重要影响的主导气候因子。贡献百分率代表各个潜在气候因子对模型贡献的相对重要性，刀切法给出仅保留该变量、除去该变量、包括所有变量三种情况下模型的增益状况（Phillips et al.，2017）。仅保留该变量时模型的增益越大，表明该变量对物种分布的影响越大（张华纬 等，2020）；置换重要性反映了各潜在环境因子对杏树分布的相对重要性，在仅去除该变量的情况下，模型增益越小，代表被去除的变量对模型越重要，包含其他变量没有的信息越多。

利用筛选得到的主导气候因子的相关环境数据以及鲜食杏和仁用杏的地理分布数据，重新构建最大熵模型，并进行模型精度检验，不断调整模型参数直至模型精度达到良好及以上标准。将 MaxEnt 模型输出的适生概率导入 ArcGIS 软件中，利用重分类功能和自然间断点分类法，将研究区域的适生程度划分为 4 个等级：最适宜区、较适宜区、次适宜区、不适宜区，并根据各主导环境因子的响应曲线厘定各适生等级的主导环境因子阈值。

5.2.2 气象数据插值

由于本研究获取的气象数据来源于离散的气象站点，在没有气象站点的地方缺少相应数据，需要选择合适的插值方式进行推算。高蓓等（2015）对陕西省单季稻种植分布的预测研究中使用 ArcGIS 空间分析模块，在其中使用 IDW、Sample Kriging、Spling 和 Natural Neighbor 4 种插值方法进行比较，选取了残差最小且综合考虑了地形影响的 IDW 插值方法进行插值。因此，本研究选择利用反距离权重插值法（IDW）进行数据推算。分别计算 1981—2020 年以及 4 个年代际中 12 个潜在气候因子的多年平均值，利用 ArcGIS 中的反距离权重法（IDW）对 12 个潜在气候因子插值，转化为 ASCII 格式保存。

5.2.3 不同年代际适生区变化

在气象数据准备阶段，将 1981—2020 年的气象数据按每 10 a 为一个年代际进行了提取，为研究不同年代际的适生区变化，采用鲜食杏和仁用杏的地理分布数据和 4 个年代际的环境数据分别构建 MaxEnt 模型，并利用 ArcGIS 软件进行重分类，将各个年代际中鲜食杏和仁用杏的高适宜区和较适宜区作为杏树的适生区，并在属性表中新建“适生情况”字段对该区域是否为适生区进行标注。利用工具箱中的转换工具将栅格转面，根据数据管理工具-制图综合-融合的步骤将“适生情况”字段进行融合，后利用分析工具-叠加分析-相交将相邻年代际的图层进行叠加，新建“变化”字段，对适生区变化情况进行标注，由不适宜区变化为适宜区则标注“增加”，反之标注为“减少”，其余则标注为“不变”，通过属性-符号系统并根据“变化”字段将分类结果可视化，得到相邻年代际间适生区的变化情况。

5.3 杏潜在环境因子气候资源特征

5.3.1 筛选潜在环境因子

根据前人对鲜食和仁用杏生理特点的研究和已经进行的气候适宜性区划工作，综合考虑杏树生长所需的水分、热量、光照、耐受极端天气/灾害程度、地形等，最终选取出 12 个可能影响杏树分布的潜在环境因子（表 5.1）。

表 5.1 影响杏树种植分布的潜在环境因子

因子类型	潜在环境因子	代码
热量条件	年平均气温日较差/℃	T_d
	≥10 ℃有效积温/(℃ · d)	T_{10}
	年平均气温/℃	T_y
	无霜期/d	F
水分条件	年降水量/mm	R_f

续表

因子类型	潜在环境因子	代码
光照条件	年日照时数/h	S
耐受极端天气/灾害程度	最冷月平均气温/℃	T_i
	最热月平均气温/℃	T_a
	年极端最低气温/℃	T_c
	年极端最高气温/℃	T_h
	3—4月日平均气温低于−1 ℃天数/d	R
地形条件	海拔高度/m	H

果树只有在热量条件得到满足时才能正常完成其生命周期，因此选取年平均气温日较差、≥10 ℃有效积温、年平均气温、无霜期来反映热量条件对杏树地理分布的影响（段选周 等，2017；付振信 等，2012），并采用年日照时数和海拔高度反应鲜食杏和仁用杏潜在地理分布对光照和地形条件的响应（张加延 等，2003；宫子辉 等，2018；鲁向柳 等，2012）。由于杏树对含水量较高的土壤抵抗力差，土壤湿度过高易导致杏树根部腐烂甚至死亡（杨素梅，2020；姚秀仕，2018），所以，采用年降水量来表征杏树周边的水分环境。此外，杏树开花较早，多集中在3—4月的早春时期，花期对低温的抗逆能力较差，前人的研究表明，当花期遭遇低于−1 ℃低温时，杏花就可能会受到霜冻害影响（张加延，2003；亚合甫 · 木沙，2017），因此，需要将花期遭受霜冻害的可能性作为影响杏树潜在地理分布的潜在环境因子之一。然而，杏树在我国分布范围较广，花期因地区而异，要准确表征杏树花期遭遇低温的概率较为困难，因此，本文选取3—4月日平均气温低于−1 ℃的日数代表杏树遭遇春霜冻的可能性大小。值得一提的是，吕增仁（1990）的研究表明，在实验室温度为−1 ℃的条件下放置6 h后，大部分品种群的杏花受到冻害影响，选取3—4月日最低气温低于−1 ℃的日数作为春霜冻可能性的指标，可能会出现低于−1 ℃的低温时数不足，不足以对杏花造成冻害的现象，造成对杏花遭受春霜冻可能性的高估，所以，选取3—4月日平均气温低于−1 ℃的日数，而非最低温度来表征杏树早春遭受霜冻害的概率，并选取最冷月平均气温、最热月平均气温、年极端最低气温、年极端最高气温来反映杏树对极端天气条件/灾害的耐受程度。

在杏树的生长发育过程中，各种环境条件综合影响着杏树的生理活动，其中热量、水分和光照是直接关系到杏树生存的必要条件，而地形条件和耐受极端天气与灾害的能力对杏果的产量和品质有重要影响，这些环境条件与我国鲜食杏和仁用杏的潜在地理分布有着密切关系。因此，下面将分别对12个潜在环境因子在我国的空间分布特点及其对杏树潜在分布的影响进行简要分析。

5.3.2　热量条件

杏树是喜温喜光的树种，对热量的要求较高（吕增仁，1990）。在果树所需热量条件的相关研究中，多选取年平均温度、生长期有效积温及冬季最低温度等对果树的分布和生长发育起决定性作用的因子来表征研究区的热量条件（朱红梅，2016），本研究综合考虑了杏树的生理特点和我国的环境条件，选取了年平均温度、≥10 ℃有效积温、年平均气温日较差和无霜期作为影响杏树地理分布的热量因子并简要分析了其空间特征。

5.3.2.1　年平均温度

我国热量资源分布受纬度影响，整体上呈现南高北低的空间分布特征，年平均气温介于−5～26 ℃，变化幅度为 31 ℃；由南向北逐渐递减，但云贵高原、青藏高原等地区受海拔因素影响，年平均气温显著低于同纬度地区；我国新疆南部的塔里木盆地等地区，受大陆性气候及地形因素影响，年平均气温显著高于新疆南部。杏树喜温耐寒，在我国的分布十分广泛，在东北、华北和西北地区都有大量种植，鲜食杏适宜的年平均温度为 6～14 ℃，而仁用杏分布范围比鲜食杏更广，适宜的年平均气温在 4～16 ℃之间（楚燕杰，2002）。因此，本研究根据两类杏树的生长发育需求，将我国的年平均气温分为 5 个等级，其空间分布如图 5.3 所示。

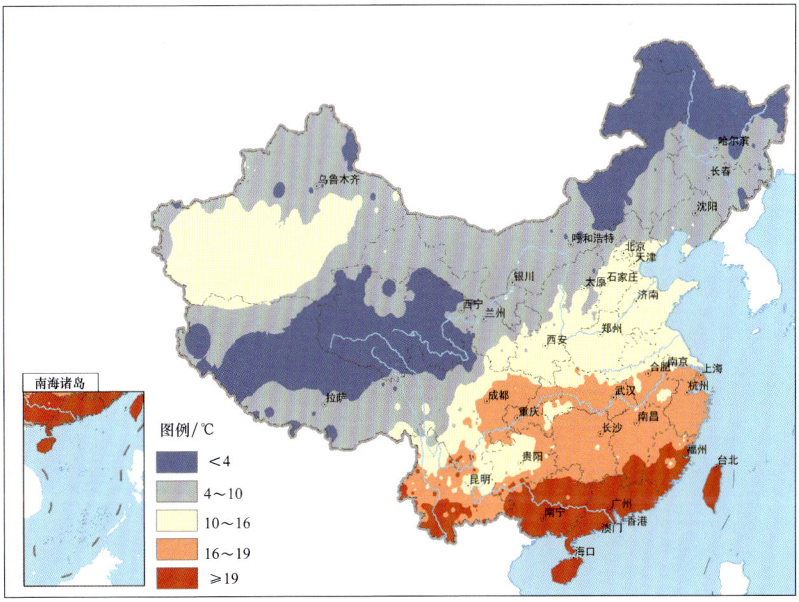

图 5.3　1981—2020 年全国年平均气温空间分布

年平均气温在 4～10 ℃及 10～16 ℃的地区，包括我国秦岭-淮河一线北部的华北地区、西北大部分地区以及东北大兴安岭以东、小兴安岭以南的大部分地区，其热量条件均满足杏树生长发育的需要。杏树产自我国北方，对低温的抗逆能力较强，位于我国东北部的浑善达克沙地与大兴安岭之间的内蒙古地区和小兴安岭及其北部地区的纬度过高，位于我国西南部的西藏东北地区和青海省的大部分地区受高寒气候影响，年平均气温低于 4 ℃，在该地区种植杏树面临着热量资源不足以支持杏树完成整个生命周期，温度过低还会导致杏果的品质变差，影响经济收益，不适宜在此地区大规模发展杏产业。在秦岭-淮河一线以南的我国东南部的大部分地区以及云南省中南部和四川盆地周边地区，年平均温度高于 16 ℃，该地区高温、高湿的环境造成了杏树的休眠期缩短、成熟期推迟，导致该地区生产的杏果较小、风味较差。休眠期异常也会影响翌年杏树的坐果率和产量(贾克礼 等,1990)，在年平均温度在 16～19 ℃之间的地区发展杏产业应谨慎考量，而在年平均温度为 19 ℃以上的地区，如云南南部以及广西、广东、福建、海南、台湾等省份，不能满足杏树低于 7.2 ℃的时数达 800～1000 h 的冷量需求(张加延 等,2003)，不宜栽培种植杏树。

5.3.2.2　≥10 ℃有效积温

年平均气温和≥10 ℃有效积温均为反映热量条件的因子，相关度较高，达 0.94，在我国的空间分布状况和变化趋势相似程度较高，均由东南向西北逐渐递减，≥10 ℃有效积温小于 6000 ℃·d。杏完成生长发育过程所需≥10 ℃有效积温达 2500 ℃·d 以上(姚秀仕,2018;段选周 等,2017;付振信 等,2012)，早熟品种所需≥10 ℃有效积温为 1100～1400 ℃·d(宫子辉 等,2018)，根据杏树对积温的需求，将我国≥10 ℃有效积温的空间分布划分为 5 个等级，其空间分布如图 5.4 所示。

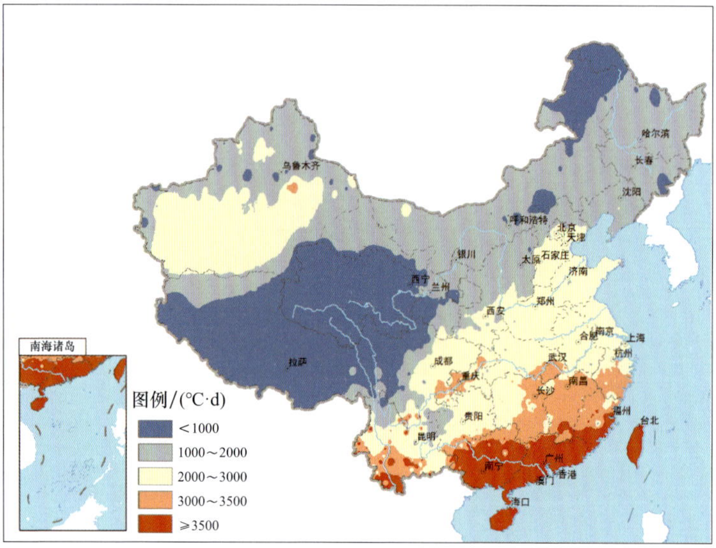

图 5.4　1981—2020 年全国≥10℃有效积温空间分布

在≥10 ℃有效积温为 1000～3000 ℃·d 的地区，积温条件满足杏树生长发育需求，可以考虑栽培种植杏树，该地区与年平均温度的适宜地区相比范围更广；在我国东北的大兴安岭西部和位于西南地区的西藏和青海由于≥10 ℃有效积温<1000 ℃·d，热量条件不足，在该地区发展杏产业不利于达成高产稳产的目标。此外，与年平均温度相比，我国西南部的四川盆地周边地区、云南中北部地区以及湖南省北部地区积温条件适宜杏树栽培种植，但由于该地区的年平均温度过高，在这些地区种植杏树面临着冷量积累不足的风险，考虑发展杏产业时应综合考量当地的环境条件。我国东南部低纬度的亚热带南部及热带地区≥10 ℃有效积温过高，表明该地区处于高热环境，不利于杏树生长发育。

5.3.2.3　无霜期和年平均气温日较差

无霜期作为衡量某地区热量条件的重要因子，在一定程度上反映了杏树生长期的长短，与杏树的生长发育状况密切相关，但无霜期与年平均温度和≥10 ℃有效积温的相关性均处在较高水平，分别为 0.88 和 0.82，其分布情况与这两个因子的相似程度也较高（图 5.5）。根据《仁用杏发展指南》（国家林业和草原局，2020），仁用杏在无霜期达到 120 d 以上的地区适宜生长，因此，在无霜期为 120～300 d 之间的地区，包括我国的西北、华北和东北大兴安岭以东的大部分地区，在其他条件适宜的情况下可以考虑栽培杏树，发展杏产业。

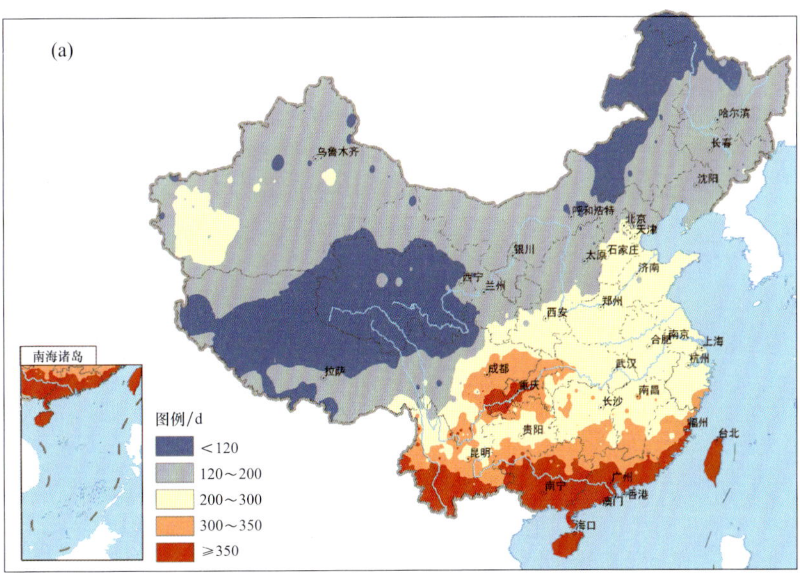

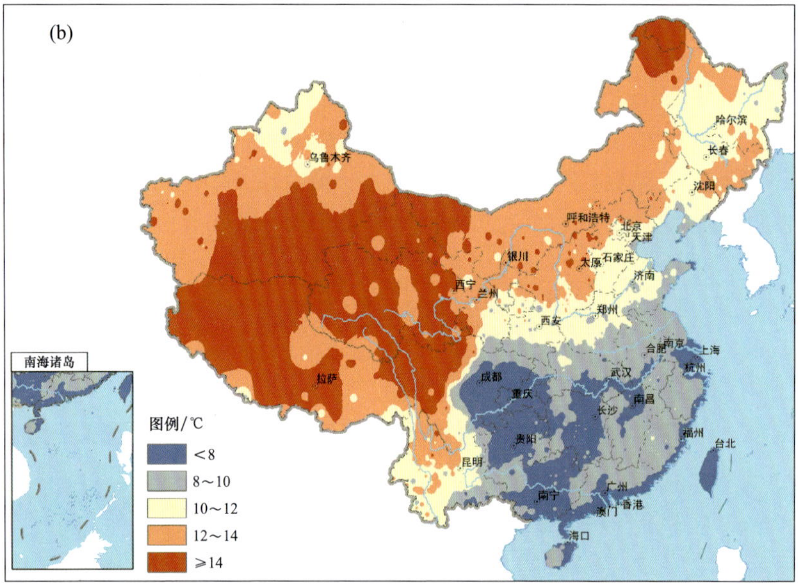

图 5.5　1981—2020 年全国无霜期(a)和年平均气温日较差(b)的空间分布

年平均气温日较差作为直接关系到杏果品质优劣的热量因子，对我国杏产业的优产稳产至关重要。我国年平均气温日较差的空间变化与热量条件相反，整体上由东南向西北逐渐增加，年平均气温日较差变化介于 4～18 ℃，但受地形、水文条件等因素的影响，空间分布不规律。位于我国东南部地区的湖南、广西等地和东南沿海以及位于我国西南部的四川盆地、重庆、贵州等地，年平均气温日较差较小，不足 8 ℃，不利于杏果的糖分累积和产量形成，影响了栽培杏树的经济收益；我国西北地区，尤其是甘肃北部、新疆南部以及青海省和西藏的大部分地区，气温日较差大，有利于保障鲜食杏的产量和品质，在此地区生产的杏果色泽艳丽、果实饱满，含糖量高，在其他环境条件适宜的情况下发展杏产业具有较好的发展前景。

5.3.3　水分条件

水作为果树生命活动的重要介质，是保障果树生存和生长发育的重要环境因子，与果树的产量和品质密切相关(龙兴桂 等，2020)。年降水量是衡量一个地区水分条件的重要指标之一，也是区划工作的重要环境因子，本节基于我国年降水量的空间分布特征，对杏树在我国的水分适宜状况进行分析。

杏树原产于我国北方，对干燥少雨的环境适应较好，其根系发达，可以深入土壤深层汲取水分，且叶片和枝条均具有抗旱结构(楚燕杰，2002；董英山 等，1990；王玉柱，1993)，有研究认为，杏树在年降水量在 300～600 mm 之间的地区不需灌溉也能正常生长结果(亚合甫·木沙 等,2017;姚秀仕,2018),但杏树对含水量过多的土壤适应力非常差,湿度较高的环境易导致杏树落叶、烂根甚至死亡(张加延,2003;亚合甫·木沙 等,2017;杨素梅,2020)。根据杏树对水分的响应特征,将我国的年降水量分为 6 个等级,其空间分布如图 5.6 所示。

我国受季风气候影响,降水由东南沿海向西北内陆逐渐减少,年降水量差异大,湿润地区降水量可达 2500 mm 以上,而最干旱地区年降水量仅 10 mm 左右。杏树作为耐旱果树,在年降水量为 100 mm 以上的地区均可以考虑种植:年降水量为 400~600 mm 的地区,其水分条件是杏树生长发育的高适宜区;而年降水量为 100~400 mm 的地区,如我国新疆北部、西藏的部分地区以及甘肃、青海、内蒙古的大部分地区,自然降水不足以保障杏树的产量和品质,需根据实际种植情况,辅以一定灌溉措施,并充分考虑其他环境条件的适宜程度,以保障杏树的高产优产。年降水量低于 100 mm 的地区集中分布在我国新疆天山以南的塔克拉玛干沙漠地区以及西藏、青海和甘肃北部的小部分地区,该区域气候过于干旱,不能满足杏树生长发育的需求,易导致光合受到抑制,从而影响杏产量。然而,年降水量过高也不利于发展杏产业,降水过多易造成果园积水,导致杏树遭受涝害,因此,在我国秦岭-淮河一线以南的东南部地区以及云南、成都的部分地区,年降水量达 1000 mm 以上,高热高湿的环境不利于杏树生长,在此地区种植杏树应充分考虑果园排水条件,谨慎选择种植;在年降水量达 1000 mm 以上的地区,包括江西、福建、浙江、广东、海南等省份,年降水量过高,杏树易遭受涝害死亡,此地区是杏树种植的水分不适宜区。

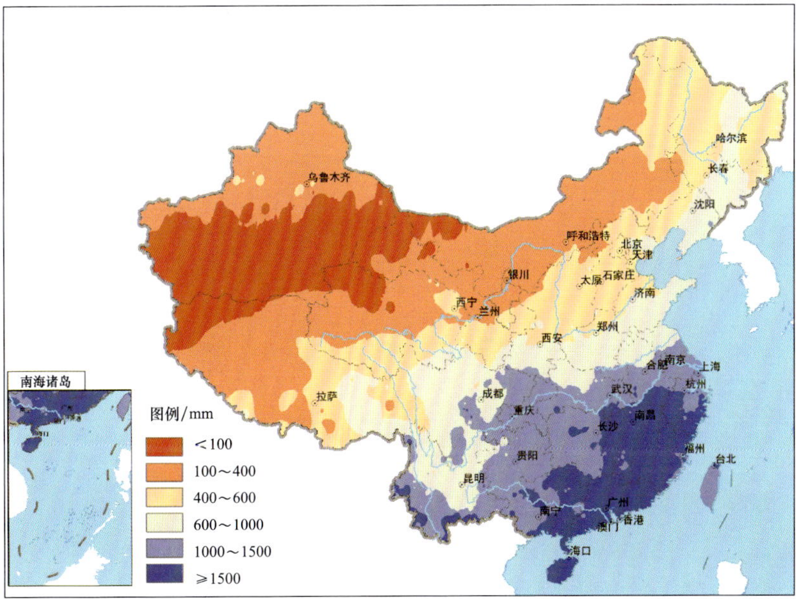

图 5.6　1981—2020 年全国年降水量的空间分布

5.3.4 光照条件

光照通过影响果树的光合作用和养分积累速率，对果树的花芽分化、叶片生长、枝条结构和果实的产量、品质均有着较大影响(鲁向柳 等,2012)。在光照时间长、强度大的地区种植的果树坐果率高、果实较大、含糖量高、色泽鲜艳，而在光照资源较少的地区，果实小且苦涩，着色较差，品质低劣，获得的经济效益也较低(贾克礼 等,1990)。日照时数作为反映一个地区光照条件的重要指标，对杏树的产量和品质影响较大，被作为影响杏树潜在地理分布的潜在环境因子之一，在我国的空间分布特征如图 5.7 所示。

受地球自转和地轴偏向的影响，我国高纬度地区日照时数高于低纬度地区，且呈现由高纬向低纬逐渐减少的趋势。其中，青藏高原和云贵高原地区受海拔高度和地形因素的影响，全年晴朗天气较多，日照时数高于同纬度其他地区，在西藏西部地区年日照时数达 3000 h 以上，而四川盆地及贵州、重庆和湖南等地，受地形和当地气候的影响，多云多雾，日光易受遮挡，日照时数不足 1500 h，低于同纬度其他地区。

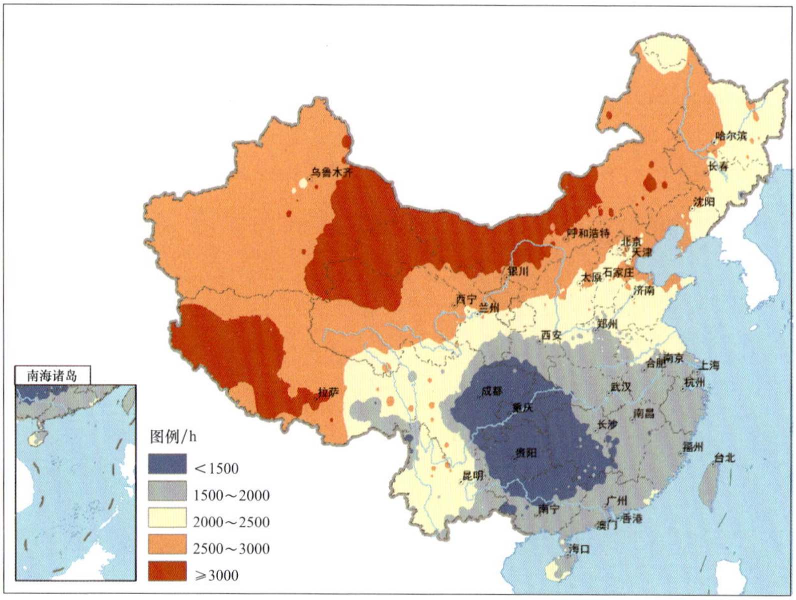

图 5.7　1981—2020 年全国日照时数的空间分布

我国杏树的主产区位于年日照时数为 2000～3000 h 的地区，华北温带杏区的年日照时数为 2000～2500 h，能满足杏树生长发育的需要，是杏树种植的光照高适宜区；西北地区得益于其地理位置和气候条件，光照强度大、时间长，年日照时数在

2500 h以上，个别地区年日照时数达3000 h，在此地区生产的杏果含糖量高，品质极佳，适宜鲜食或加工成杏脯销售，杏产业具有较好的发展前景；此外，位于我国西南部的青藏高原、云贵高原以及我国东北地区年日照时数也在2000 h以上，日照条件较好，在其他环境条件适宜的情况下，可以考虑发展杏产业；然而，我国东南部地区年日照时数较少，在1500 h以下，在此地区种植的杏树光照不足，枝梢细弱，易光秃枯死（亚合甫·木沙 等，2017），生产的杏果也口感差、品质不佳，因此，不适宜在此地开展大规模杏树种植。

5.3.5 极端天气/灾害

极端天气/灾害是造成杏树产量波动的重要原因之一，也是制约杏产业发展的主要限制因子，由极端天气导致果树遭受的农业气象灾害主要有低温冻害和高温热害两种，而杏树作为喜温耐寒的果树，对极端温度的抗逆性比较强，受极端天气影响较小，但杏树的花芽不耐低温，在花期温度达−1 ℃以下时就有可能遭受春霜冻害，造成大幅减产甚至绝收（楚燕杰，2002）。因此，本节将反映我国极端温度的极端最高/低气温、最冷/热月平均气温与反映杏树春季遭受霜冻害的3—4月日平均气温低于−1 ℃的概率作为影响杏树地理分布的潜在气候因子，并对其在我国的空间分布进行了分析。

5.3.5.1 极端温度

杏树对低温的抗逆性较强，在休眠期的树体能忍受−40 ℃～−30 ℃的低温（张加延 等，2003），但极端天气也在一定程度上反映了当地的热量条件，极端温度和最冷月平均气温过低的地区热量资源较少，对杏果的产量和品质形成不利，因此，在规划杏树的种植区域时，应将低温条件列入考虑范围之内。根据杏树的生理特性，将我国的最冷月平均气温和年极端最低温度分别划分成5个和6个等级，其空间分布如图5.8所示。

最冷月平均气温与年极端最低温度均随着纬度升高而降低，东北呼伦贝尔地区的最冷月平均气温和极端最低温均为我国最低，年极端最低温度在−45 ℃左右，最冷月平均气温也在−20 ℃以下，在此地区，一些耐寒能力稍差的杏树品种会遭受冻害导致死亡，杏果的品质和产量也无法保障，该地区的严寒环境不适宜栽培杏树；而位于我国东北小兴安岭和长白山周边及大兴安岭和内蒙古浑善达克沙地之间的地区，年极端最低气温为−40～−30 ℃，杏树仍有遭受低温冻害导致死亡的风险，在该地区种植的杏树应选择耐寒性较强的品种；在我国东北的其他地区和西北部的新疆北部及青海省等地，最冷月平均气温在−20～−10 ℃之间，年极端最低温度在−30 ℃以上，低温条件不会导致杏树死亡，但仍对杏树的产量和品质有着较大影响，在此区域种植鲜食杏有较大风险，在其他环境条件适宜的情况下，可以考虑种植耐寒能力较强的仁用杏以保障产量和品质的稳定。

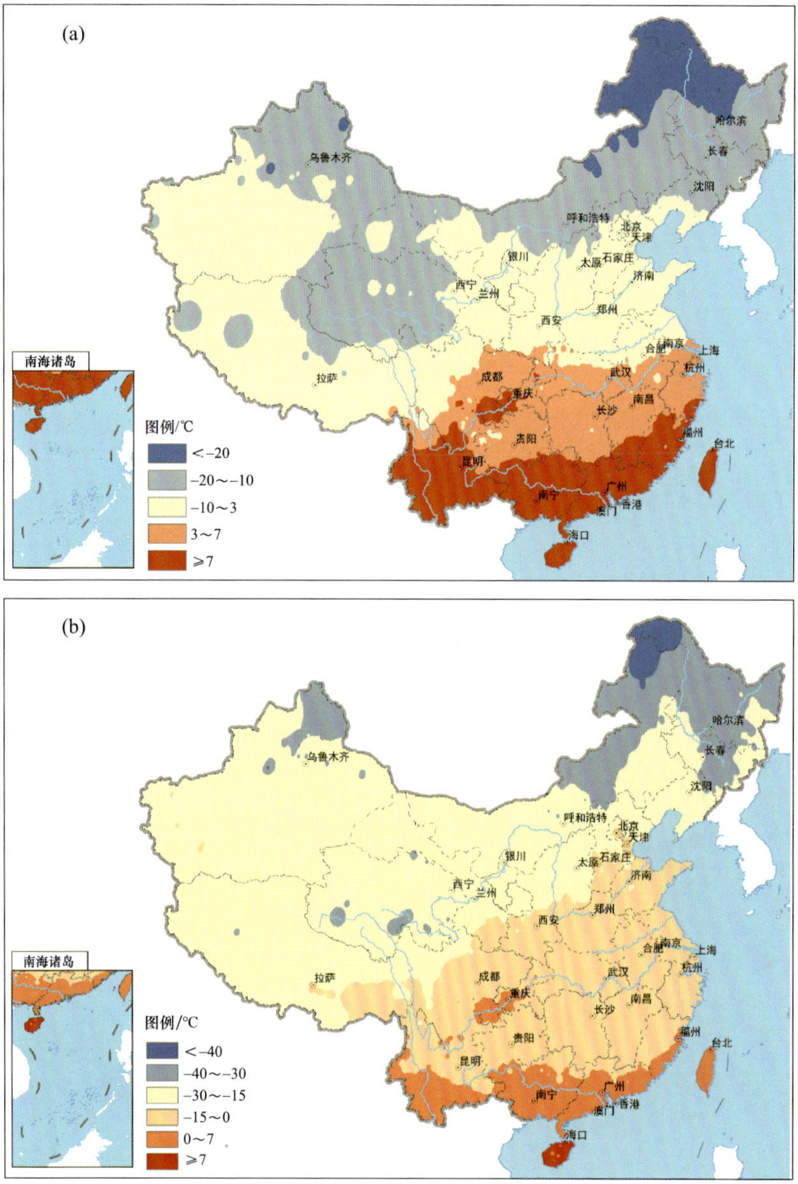

图 5.8　1981—2020 年全国最冷月平均气温(a)和年极端最低温度(b)的空间分布

杏树对高温的抗逆能力非常强，据文献记载，在我国极端最高气温达到 40 ℃以上的地区杏树仍能正常生长(贾克礼 等，1990)，但高温高湿的环境对杏树的产量形成具有不利影响，高温环境与其他环境条件的综合作用可能会造成杏树的产量和品质降低。因此，本节将表征杏树对高温耐受能力的极端最高气温与最热月平均气温作为影响杏树地理分布的潜在环境因子之一，其空间分布如图 5.9 所示。

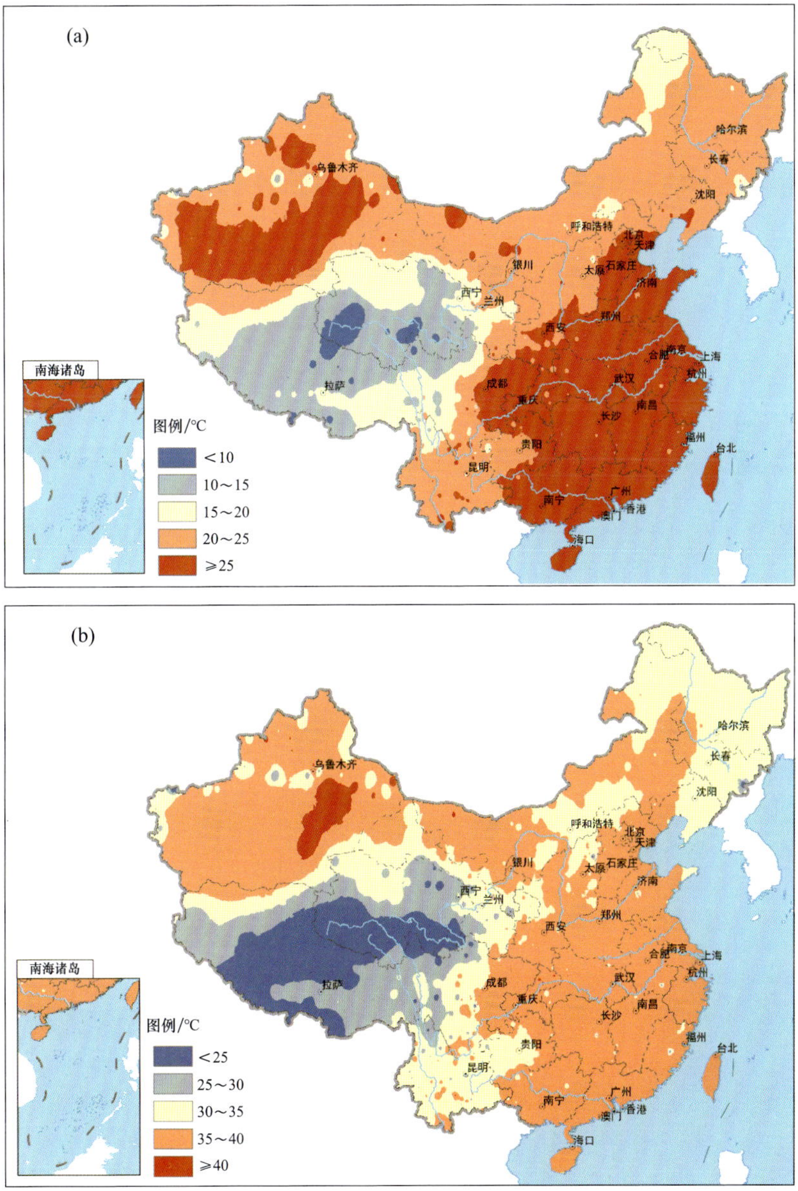

图 5.9　1981—2020 年全国最热月平均气温(a)和年极端最高气温(b)的空间分布

5.3.5.2　3—4 月日平均气温低于－1 ℃天数

由于杏树的花期较短且大多集中在 3—4 月，本研究在尝试多个指标后，选取 3—4 月日平均气温低于－1 ℃的天数来表征杏树花期遭遇春霜冻的可能性，其空间分布如图5.10所示。3—4月日平均温度低于−1 ℃天数在长城一线以南的华北、东南和西南的大部分地区以及新疆的天山山脉以南地区均小于1 d，在此区域栽培的杏树遭受春霜冻害导致减产的风险较低，发展杏产业有助于提升单位面积产量，降低产量波动，保障杏树的产量稳定。然而，3—4月低于−1 ℃的天数在12 d以上的地区遭受春霜冻的风险较大，如西藏、青海、新疆北部以及吉林、内蒙古北部等地区，发展杏产业时应注意选择花期耐寒能力较强的品种，如“龙垦杏”等（张加延 等，2003），以实现稳产的目标。我国青海南部、西藏北部地区和东北的浑善达克沙地与大兴安岭之间的地区以及黑龙江省北部地区3—4月低于−1 ℃的天数较多，是杏树种植的不适宜区。

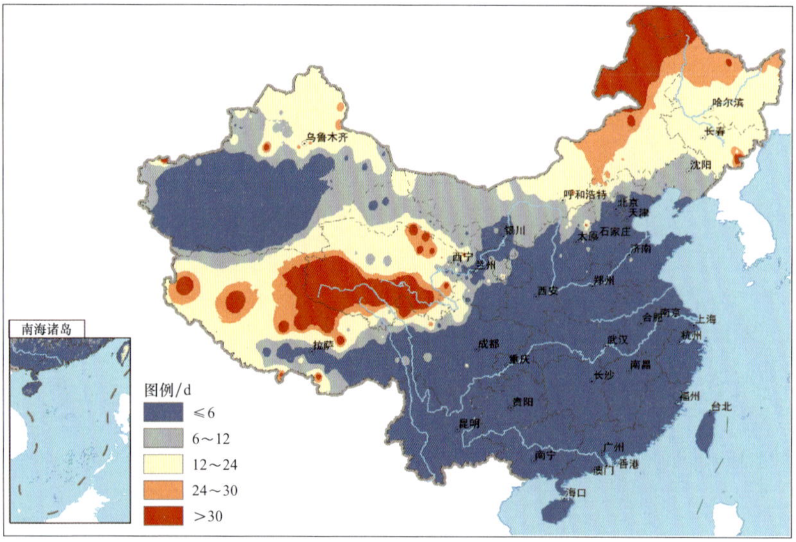

图5.10 1981—2020年全国3—4月日平均气温低于−1 ℃天数的空间分布

5.3.6 海拔高度

海拔高度的变化不仅会引起周边自然气候条件的变化，还会对人类活动、产业发展产生一定影响。有研究表明，在海拔高度较高的地方，无霜期、极端高温、有效积温等指标均与低海拔地区存在较大差异（楚燕杰，2002），可能对杏树的潜在分布产生较大影响，其具体空间变化特征如图5.11所示。

我国的海拔高度呈西高东低的阶梯状分布，大兴安岭-太行山-巫山-雪峰山一线和昆仑山-阿尔金山-祁连山-横断山一线分别为二三阶梯和一二阶梯的分界线，在大兴安岭一线以东，即海拔高度的第三阶梯，海拔高度低于700 m，地形多为平原或丘陵，是杏树种植的海拔高适宜区；而位于青藏高原的西藏、青海、四川西部等地区，海拔高度高于 4000 m，受高寒气候影响较大，温度较低且降水稀少，人类活动也较少，不适宜大规模发展杏产业。张加延等(2003)的研究也表明，在西藏海拔高于 3800 m 以上的地区，不存在杏属资源。事实上，杏树对地形的适应能力较强，在各种地形条件下都可以正常生长，我国海拔高度的第二阶梯，即新疆、内蒙古、黄土高原、云贵高原等地区，海拔高度为 700～3000 m，在其他气候条件适宜的情况下，可以考虑种植杏树。

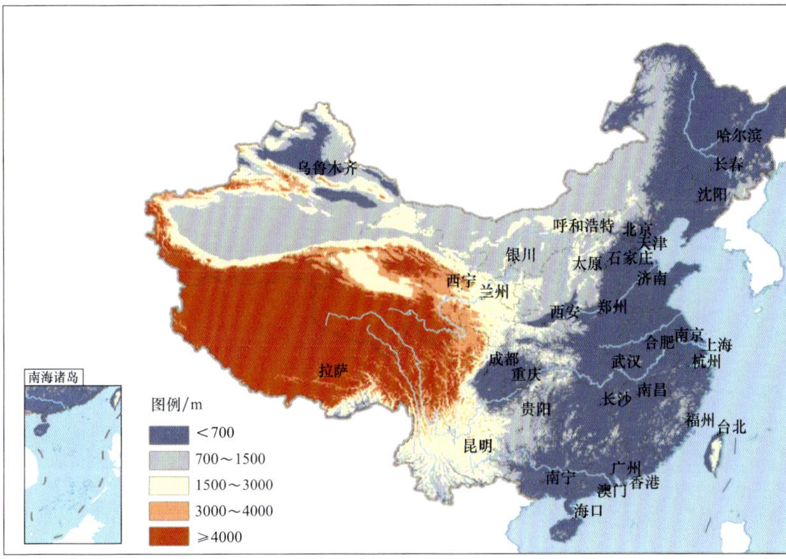

图 5.11　1981—2020 年全国海拔高度的空间分布

5.4　鲜食杏气候适宜性区划

5.4.1　模型准确性评价

以分布数据的 75%作为训练数据集，利用鲜食杏地理分布数据和潜在气候因子构建 MaxEnt 模型，余下 25%作为测试数据集，利用 ROC 曲线对模型模拟准确性进行验证，图 5.12 为初始模型的 ROC 曲线。结果表明，基于潜在气候因子构建的鲜食杏种植区分布的 MaxEnt 模型，其训练集和测试集的 AUC 值分别为 0.930 和 0.897，初始模型预测准确性达到“良好”标准，可以用于我国鲜食杏树潜在适生区预测研究。

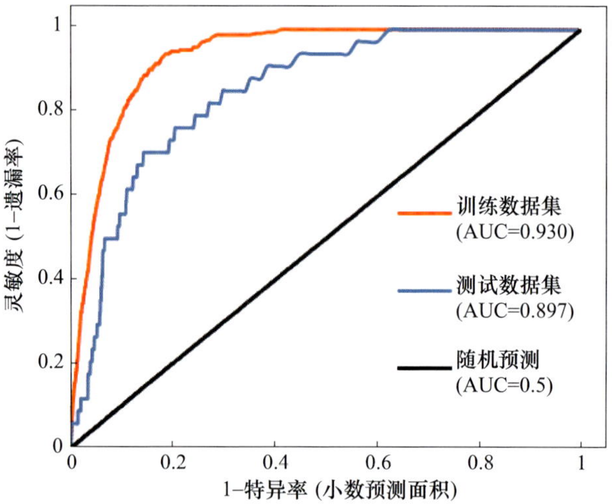

图 5.12　基于潜在气候因子构建的 MaxEnt 模型 ROC 曲线

5.4.2　主导气候因子

在 MaxEnt 模型输出的各项数据中，贡献百分率和置换重要性是表征各项潜在气候因子对模型重要程度的参数，从表 5.2 中可以看到，年降水量、海拔高度和 3—4 月日平均气温低于−1 ℃天数对模型的贡献百分率较大，置换重要性在 20%以上，表明这 3 个环境因子对鲜食杏地理分布的影响较大；最热月平均气温、年极端最低气温、年极端最高气温、年日照时数、≥10 ℃有效积温、无霜期以及年平均气温日较差较小的贡献百分率和较低的置换重要性表明该模型对这 7 个环境因子的依赖程度较低，鲜食杏潜在地理分布受该 7 个环境因子的影响较小。

表 5.2　潜在气候因子对鲜食杏潜在地理分布的贡献百分率和置换重要性

气候因子	贡献百分率/%	置换重要性/%
年降水量	31.0	20.9
海拔高度	22.4	34.6
3—4 月日平均气温低于−1 ℃天数	15.7	21.0
最冷月平均气温	15.1	4.7
年平均温度	6.4	0.2
最热月平均气温	2.3	5.3
年极端最低气温	1.7	0.8
年极端最高气温	1.7	0.7

续表

气候因子	贡献百分率/%	置换重要性/%
年日照时数	1.7	1.1
≥10 ℃有效积温	0.9	9.0
无霜期	0.6	0.2
年平均气温日较差	0.4	1.5

潜在环境因子之间相关性过高可能会对模型精度产生影响，因此，本研究利用SPSS软件进行了各潜在环境因子间的相关性检验，并利用origin软件制作了相关性热度图(图5.13)。

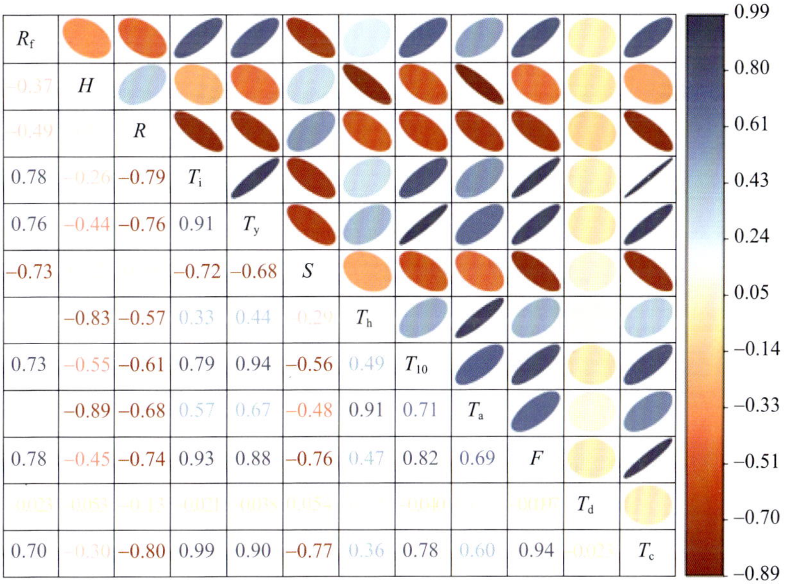

图5.13　潜在气候因子的相关性检验

注：R_f为年降水量，H为海拔高度，R为3—4月日平均气温低于−1 ℃天数，T_i为年极端最低气温，T_y为年平均气温，S为年日照时数，T_h为最热月平均气温，T_{10}为≥10 ℃有效积温，T_a为年极端最高气温，F为无霜期，T_d为年平均气温日较差，T_c为最冷月平均气温。

根据对12个潜在环境因子进行pearson相关分析的结果，当两个潜在环境因子间相关系数$|r|\geq 0.8$时，保留贡献百分率和置换重要性较高的潜在环境因子(王茹琳 等,2019)。相关性分析结果表明，最冷月平均气温与年平均温度、年极端最低气温的相关系数均达到了0.95以上，与无霜期的相关系数达0.96。但相关性过高可能影响模型的模拟效果，最冷月平均气温的贡献百分率为15.1%，置换重要性为4.7%，均高于年平均温度、≥10 ℃有效积温、年极端最低气温和无霜期，应保留最

冷月均温，剔除其余环境变量。此外，海拔高度与年极端最高气温和最热月平均气温的相关系数分别为−0.831和−0.886，其中海拔高度的贡献百分率和置换重要性较大，因此，剔除年极端最高气温和最热月平均气温，保留海拔高度作为主导环境因子。

在只保留一个变量的情况下（图5.14），最冷月平均气温、无霜期、年极端最低气温、3—4月日平均气温低于−1 ℃天数的正规训练增益包含较多信息；年极端最高气温对模型的增益比较小，不宜被选为主导环境因子。当去除单一变量时，年降水量和3—4月日平均气温低于−1 ℃的天数对模型的增益最小，表明其对模型的重要性较高，包含更多其他因子不具备的信息，因此应将这两个环境因子予以保留。

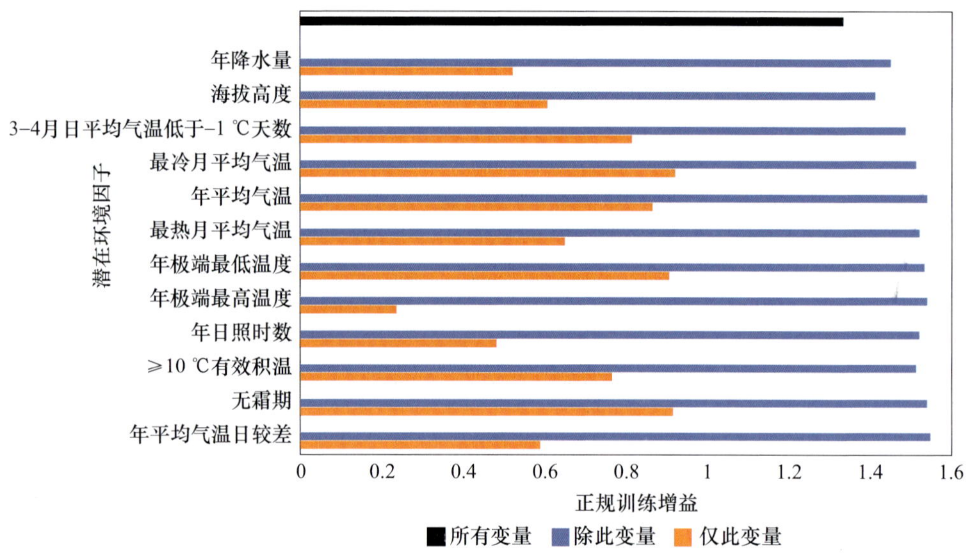

图5.14 基于刀切法的各潜在气候因子的训练增益

综合考虑各个潜在因子的相关性、贡献百分率、置换重要性和刀切法结果，剔除年平均气温、≥10 ℃有效积温、最热月平均气温、年极端最低/高气温和无霜期等相关性较大的气候因子。此外，年日照时数在仅保留单变量时对鲜食杏模型的增益较小，且对模型的贡献百分率仅为1.5%，置换重要性为0.9%，处于较低水平，模型对该气候要素的依赖程度低、受影响程度小，因此，日照时数因子也被剔除。最终，选取年降水量、3—4月日平均气温低于−1 ℃的日数、最冷月平均气温、海拔高度这4个因子作为影响鲜食杏地理分布的主导气候因子。并基于主导气候因子和鲜食杏地理分布数据重新构建MaxEnt模型，结果表明，重新构建的MaxEnt模型的ROC曲线的AUC值达到0.865（图略），预测准确性达到“良好”标准。

5.4.3 鲜食杏气候适宜性区划主导气候因子阈值

利用4个主导环境因子和鲜食杏地理分布数据重新构建 MaxEnt 模型，并采用输出的适生概率 P 绘制与主导环境因子的响应曲线，采用自然间断点分级法将中国大陆划分为鲜食杏的4个适生等级，并厘定主导环境因子在不同适宜等级的阈值，分级标准和阈值分别见于表5.3与表5.4。

表5.3 鲜食杏适生区等级划分标准

适生概率 P	适生区等级
$P \geqslant 0.5$	高适宜区
$0.28 \leqslant P < 0.5$	较适宜区
$0.1 \leqslant P < 0.28$	次适宜区
$P < 0.1$	不适宜区

水分条件是影响鲜食杏环境适宜性的重要因素之一。杏树极不耐涝，区划结果表明，在年降水量超过1450 mm的地区不适宜发展鲜食杏产业。我国东南部地区受季风气候影响，降水较多且集中，江西、浙江、福建、广东、广西等省（区）的多年平均年降水量均超过1500 mm，杏树易受涝害导致枯萎或死亡，生产的杏果品质低劣，食用性较差。但鲜食杏的产量和品质受光合作用影响较大，过度干旱也会使植物的光合作用受到抑制，造成果实正常生长发育受阻（王培娟 等，2020）。因此，在年降雨量低于60 mm的地区，其水分条件不能满足鲜食杏正常生长发育的需要，我国西北地区，特别是新疆南部的塔克拉玛干沙漠地区，年降雨量不足60 mm，不适宜在没有灌溉条件的情况下种植鲜食杏。高适宜区的年降雨量在440～990 mm，其自然降水条件能充分满足鲜食杏的生长发育需求。华北温带地区年降雨量一般为400～900 mm，无须灌溉即可保证杏树正常生长（段选周 等，2017；郑玉萍，2012），是我国出产鲜食杏的重要地区，在此地区发展鲜食杏产业有助于保障鲜食杏的产量和品质。

表5.4 鲜食杏不同等级适生区主导环境因子阈值

主导环境因子	高适宜区	较适宜区	次适宜区	不适宜区
年降水量 R_f/mm	$440 \leqslant R_f \leqslant 990$	$360 \leqslant R_f < 440$ 或 $990 < R_f \leqslant 1300$	$60 \leqslant R_f < 360$ 或 $1300 < R_f \leqslant 1450$	$R_f < 60$ 或 $R_f > 1450$
3—4月日平均气温低于−1 ℃天数 R/d	$0 \leqslant R \leqslant 4$	$4 < R \leqslant 9$	$9 < R \leqslant 15$	$R > 15$
海拔高度 H/m	$H \leqslant 140$	$140 < H \leqslant 2420$	$2420 < H \leqslant 2560$	$H > 2560$
最冷月平均气温 T_c/℃	$-5 \leqslant Tc \leqslant 3$	$-9 \leqslant Tc < -5$ 或 $3 < Tc \leqslant 8.5$	$-13 \leqslant Tc < -9$ 或 $8.5 < Tc \leqslant 13$	$Tc < -13$ 或 $Tc > 13$

杏树对温度具有较强的抗逆性，能在极端低温达−30 ℃以下、极端高温达 40 ℃以上的条件下生存，但热量资源直接关系到鲜食杏的物候期变化，持续时间较长的高温和低温仍可能对鲜食杏的生产产生较大影响(李捷 等，2010)。在最冷月平均气温高于 13 ℃的地区，虽不会因为高温导致杏树死亡，但杏树是落叶果树，需要一定冷量积累才能打破休眠开始萌发(张加延 等，2003)，在最冷月平均气温过高的地区，易造成鲜食杏休眠期推迟或无法平稳进入休眠期的现象，使其不能完成完整的生命周期。我国海南省全境以及云南、广西、广东、福建 4 个省份的南部地区地处我国热带或亚热带最南端，最冷月平均温度过高，不适宜发展鲜食杏产业。此外，最冷月平均气温与年平均气温的相关度较高，在最冷月平均气温低于−13 ℃的地区种植鲜食杏面临着低温冻害与热量资源不足的双重挑战，可能造成鲜食杏受冻死亡或杏果品质和产量的下降。位于东北地区的黑龙江省、吉林省北部、内蒙古东北部地区以及位于我国西北部的新疆阿尔泰山脉周边地区极端最低气温均低于−30 ℃，鲜食杏有遭受冻害的风险，且这些地区≥10 ℃有效积温不足 2000 ℃·d，热量条件不能满足鲜食杏生长发育的需求，直接影响了杏果的口味和营养价值，因此，在这些地区也不适宜种植鲜食杏。

春霜冻是制约我国鲜食杏产业发展的重要限制因子，果树开花期受早春霜冻害影响较大，杏树作为开花较早的果树，极易遭受到春季倒春寒、晚霜的影响，造成减产甚至绝收。采用 3—4 月日平均气温低于−1 ℃的天数来表征杏树遭受春霜冻的可能性。研究结果表明，在 3—4 月日平均气温低于−1 ℃的天数超过 15 d，占 3—4 月总天数的 26.0%及以上的地区，杏花遭受春季霜冻的风险较高，易造成花蕾枯萎、坐果率下降，最终导致产量下降，造成严重经济损失。在西藏的西南部、北部等地以及青海省大部分地区受高原气候的影响，早春温度较低，在此地区发展鲜食杏产业极易受到春霜冻的影响，不适宜发展鲜食杏产业；我国东北部地区，包括吉林北部、黑龙江、内蒙古东北部地区，日平均气温低于−1 ℃的天数多于 18 d，是鲜食杏种植的不适宜区，盲目在此地区种植鲜食杏不仅会增加管理成本，还会造成农民及政府的经济损失，目前在此地栽培的鲜食杏多采用人工大棚或日光温室等设施辅助种植。在 3—4 月日平均气温低于−1 ℃的天数不足 4 d 的地区，遭受早春霜冻的可能性较低，是鲜食杏种植的高适宜区，花期不易遭受冻害，产量稳定且品质优良，适宜发展鲜食杏产业。在 3—4 月日平均气温低于−1 ℃天数不超过 9 d 的地区，虽然有遭受春霜冻的风险，但整体上风险系数较低，在遭受霜冻害时也可采取熏烟、树干涂白、喷洒赤霉素等有效措施来降低春霜冻危害，减少经济损失，在充分考虑当地气候、地形、产业管理等一系列条件后，可以考虑栽培种植鲜食杏。

海拔高度对鲜食杏的潜在分布有较大影响，高海拔地区低温、强辐射和干旱是阻碍果树在高海拔地区种植的主要限制因素，杏树虽然对低温和干旱都有较强的抗逆性，但在实际生产实践中，高海拔地区的杏树种类和数量显著减少，在海拔 3800 m

以上的地区没有发现杏树资源(张加延 等,2003)。本研究结果表明,在海拔高度达2560 m以上的地区不适宜种植鲜食杏,随着海拔升高,最冷月平均温度降低,3—4月日平均气温低于−1 ℃的天数增多,为种植鲜食杏带来了较大风险,在西藏地区虽然有藏杏品种种植,但也大多分布在700～3000 m且气候相对适宜的东南部地区,而青海、西藏境内大部分地区海拔高度达3000 m以上,气候条件不宜种植鲜食杏。但在一些海拔高度在3000 m以下的高原地区,具有得天独厚的日照条件,在气候条件适宜的情况下可以考虑发展鲜食杏产业。

5.4.4 鲜食杏气候适宜性区划

5.4.4.1 区划结果

利用自然间断点分级法,根据MaxEnt模型输出的各地区的适生概率P将鲜食杏潜在适宜区分为4个等级,区划结果如图5.15所示。鲜食杏在我国的分布范围十分广泛,这与鲜食杏对环境的适应性强,耐寒、耐旱、耐贫瘠的生理特性有关,鲜食杏对气候条件的要求不高,可生长于山地、丘陵、沙地等各种地形环境中,并在长期的生产实践中培育出了3000多个变种(张加延 等,2003),为其适应我国复杂多变的自然环境提供了条件,研究结果表明,鲜食杏种植的高适宜区、较适宜区和次适宜区总面积达294万km^2,占我国陆地总面积的30.6%。

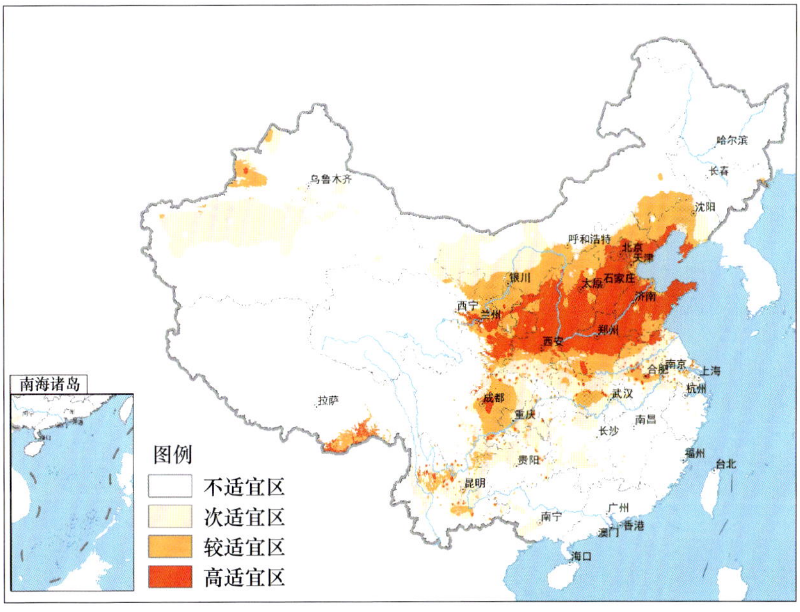

图5.15 鲜食杏气候适宜性区划

高适宜区是最适合发展鲜食杏产业的地区，该地区的自然条件能充分满足鲜食杏生产发育需求，早春霜冻风险较低，降水量适宜且地势平缓，为鲜食杏产业优质高产的实现提供了优良的环境条件。我国高适宜区占地面积较广，总面积达72.7万km^2，占我国陆地总面积的7.6%，主要分布在黄河故道、环渤海湾以及黄土高原周边地区，东起渤海和黄海的海岸线，西至六盘山、祁连山脉周边地区，北界位于长城-太行山-燕山一线南部，南临秦岭和山东丘陵，涉及北京、天津、河北、山西、陕西、甘肃、宁夏、山东等多个省份。但我国地形条件复杂，西南部地区沟壑峡谷幽深纵横，沟谷底部和顶部气候、植被差异大，复杂的地形使在该地区的区划工作难度加大，海拔高度多变使四川省成都市周边地区、西藏东南部的山南和林芝地区的鲜食杏高适宜区呈碎片状分布。此外，位于山东丘陵南部的徐州和连云港北部地区以及新疆的伊犁谷地也有零星分布的小块高适宜区，在江苏、浙江、安徽、湖北、重庆、贵州、云南等多个南方省份还有呈点状分布的高适宜区，在这些地方选择栽培鲜食杏时要根据当地整体的气候状况、栽种地的小气候条件、地形和管理条件谨慎选择，才能最大限度地减小成本损失，扩大收益。

较适宜区在较大程度上可以满足鲜食杏的生长发育需求，环境条件仅次于高适宜区，总面积约为90万km^2，占全国陆地总面积的9.4%，主要分布在高适宜区的周边地区、我国西南部以及新疆的西北部。其中，高适宜区周边的较适宜区东起黄、渤海岸线，西至祁连山脉-阿尼玛卿山-岷山一线，北接阴山山脉南部地区，南至秦岭-淮河一线，涉及高适宜区北部的多个省份，如辽宁长白山脉以西，河北北部，山西北部、陕西北部、宁夏、甘肃祁连山脉以东及内蒙古自治区与这些省份的交界地带；高适宜区南部的较适宜区呈条带状分布，涉及江苏、安徽、河南、湖北、陕西南部、甘肃南部等多个省份。在安徽省的合肥、六安、马鞍山，湖北中部，新疆伊犁，四川盆地，云南大理、红河、昭通等地区也有片状较适宜区分布。此外，西藏东南部林芝和山南地区受印度洋暖湿气流的影响，温度和降水条件均能满足鲜食杏生长发育的需求，是种植杏树的较适宜区。张加延等(2015)的研究表明，华北温带杏区的鲜食杏产量占全国的51.2%，与本研究结果中高适宜区和较适宜区集中分布在华北地区的事实较为符合。

次适宜区存在限制鲜食杏的生长发育的环境因子，种植鲜食杏可以成活但产量和品质较差，在此地区发展鲜食杏产业需要较高的管理和设施成本。我国次适宜区面积较大，占陆地总面积的13.7%，涉及内蒙古、甘肃、新疆、江苏、安徽、湖北、重庆、四川、云南、贵州、湖南11个省份。在我国西北部，水分是次适宜区发展鲜食杏产业的主要限制因子，内蒙古西部、甘肃北部以及新疆天山山脉南部地区多年平均年降水量不超过200 mm，自然降水不能满足鲜食杏生产需求，需要采取灌溉等措施才能保证鲜食杏安全生产；我国中部地区受降水与最冷月平均温度的双重影响，在排水不畅或温度较高的地区种植鲜食杏的风险较高；在我国的西南地区，海拔高度与温度是鲜食杏产业发展的主要限制因素。其中，云南中部及南部地区年降水量高于 1000 mm，最冷月均温高于 7 ℃，不利于鲜食杏打破休眠期完成生命周期；西藏东南部地区受海拔高度影响，生产的藏杏果实小且品质不佳，不适宜大规模发展鲜食杏产业。

研究结果表明，鲜食杏的不适宜区主要集中在我国西部、东北和东南地区，包括受干旱影响的青海、西藏、新疆天山以北和昆仑山脉东部沙漠地区和受严寒环境影响的黑龙江、吉林和内蒙古东部地区以及湖南、浙江、福建、江西、广东、广西、海南等受涝害影响严重的地区。

5.4.4.2 区划结果与杏地理标志产品比较

本研究通过将地理标志产品的原产地与区划结果对比的方式验证区划结果的准确程度，结果如图 5.16 所示，在搜集到的 22 个地理标志产品中，只有长林岛“龙垦杏”和新疆“托克逊杏”在本研究划定的区划范围外，其他产地与本研究得到的区划结果吻合度较高，位于高适宜区的地理标志产品占总数的一半，位于较适宜区的地理标志产品有 6 种，位于次适宜区的有 3 种。

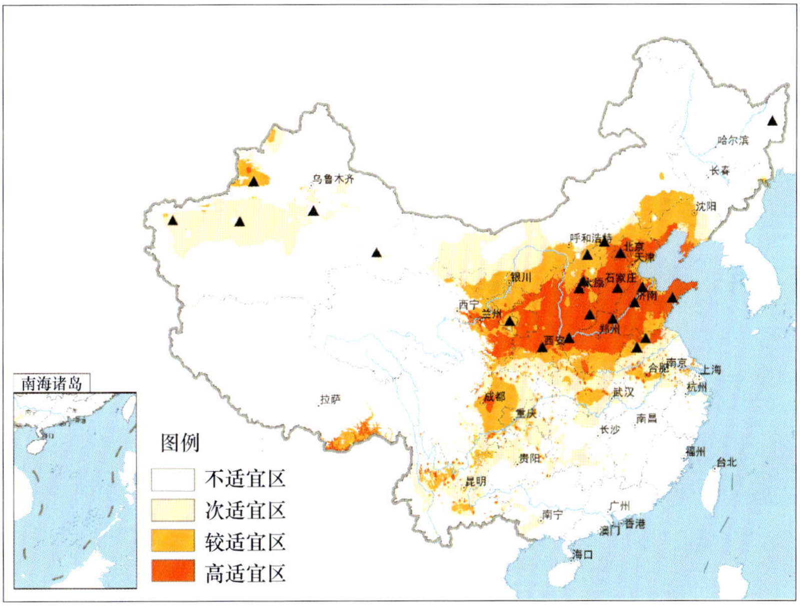

图 5.16 鲜食杏潜在适生区与地理标志产品产地的比较

长林岛“龙垦杏”是黑龙江省双鸭山市的特色农产品，其果树基地位于三江平原腹地的五九七农场，地处山间盆地性质的下陷区，四周群山环抱，复杂的局部微地形为形成山地小气候提供了条件。此外，长林岛“龙垦杏”是作为砧木的野生杏树与“龙垦杏”果枝嫁接而来，使该品种对低温的抗逆性增强，也为在该地区种植地理标志产品提供了条件。“托克逊杏”产于新疆吐鲁番地区托克逊县，该地区干旱少雨，年降雨量低于 60 mm，自然降水不能满足发展鲜食杏产业的需要，但该地区得益于白杨河和阿拉沟两大水系提供的灌溉用水，北部博格达峰和西部雪山融水也为该地区种植鲜食杏提供了丰富的水源。本研究仅考虑了自然环境条件对鲜食杏潜在分布的影响，获得的气象数据均来源于各气象站点，再采用 IDW 插值的方式将离散的气象数据推算到全国，小气候和人为干预使鲜食杏适宜种植区扩大，这可能会导致本研究的区划成果与现实情况相比存在一定的低估。

位于次适宜区的 3 个地理标志产品分别是：甘肃的敦煌“李广杏”、新疆的“疏附木亚格杏”和“库车小白杏”，均产自我国西北地区。敦煌和新疆北部地区热量资源丰富，昼夜温差大，有利于鲜食杏中糖、色素和干物质的积累，直接关系到鲜食杏的品质和风味。然而，这 3 个地区的年降水量约为 100 mm，不能满足鲜食杏的水分需求，仅依靠自然降水有遭受干旱胁迫造成减产的风险，不利于鲜食杏产业的发展和稳产优质的实现。但这些地区的灌溉条件良好，弥补了自然降水的不足。库车境内的库车河、渭干河和塔里木河，疏附县境内的克孜勒河、盖孜河、恰克玛克河和吐曼河以及敦煌地区的党河和地上泉水为这些地区提供了充足的生产灌溉用水，为当地杏产业发展奠定了重要的基础。

5.4.5 鲜食杏气候适宜区的年代际变化

近年来，气候变化对农作物产量、种植制度和种植适宜区的显著影响已经引起了人们的充分重视。气候变暖使我国热量资源增多，造成了农业气候带北移、作物物候期推迟等一系列变化，同时也导致极端天气事件增多，使作物遭受农业气象灾害的风险增大。杏树作为喜温喜光但花期不耐低温的多年生果树，气候变化引起的热量资源和物候期的变化以及灾害风险的增加对鲜食杏的生产和产量产生了较大影响，使鲜食杏的潜在适宜区发生了变化。张山清等(2019)研究了 1961—2016 年新疆鲜食杏气候适宜性的影响，许彦平等(2015)研究了近 30 a 气候变化对甘肃天水杏产量的影响，均发现了杏树气候适宜区和产量的显著变化。本研究在划分鲜食杏 4 个适生等级的基础上，将鲜食杏的高适宜区与较适宜区合并为适宜区作为研究对象。将 1981—2020 年分为 1981—1990 年、1991—2000 年、2001—2010 年、2011—2020 年 4 个年代际，并根据每个年代际的气象数据构建 MaxEnt 模型，探究不同年代际间鲜食杏气候适宜区的变化。

由图 5.17 可知，1981—2020 年间除 1991—2010 年适生区面积减少外，在其他年代际间适生区的面积都呈现出不同程度的增加。1981—1990 年鲜食杏的气候适宜区面积约为 145 万 km^2，占全国陆地总面积的 15.14%，1991—2000 年与 1981—1990 年相比鲜食杏适宜区面积增加幅度较大，适宜区面积达 164 万 km^2，比 20 世纪

80年代增加了19万km^2，增加面积约占全国总面积的2%；2001—2010年鲜食杏适生区面积为161万km^2，与1991—2000年相比略有减少，2011—2020年鲜食杏适生区面积达169万km^2，适生区面积为4个年代际中最大。

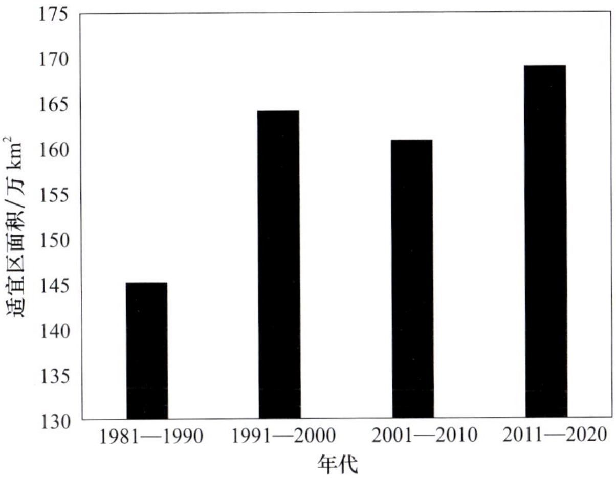

图 5.17　不同年代际鲜食杏气候适宜区面积

由图5.18可知，1981—2000年间鲜食杏的种植适宜区在原适宜区南北两侧都有所增加，北方地区在原适宜区的基础上沿长城一线向北扩展，涉及辽宁、内蒙古、甘肃、宁夏等多个省份；仅个别地区存在适宜区减小的趋势，如甘肃祁连山脉周边的适宜区呈碎片化缩小，山西、内蒙古也存在适宜区零星减少的现象，但在原适宜区北部整体上仍呈扩大趋势。南方地区的鲜食杏适宜区变化较为复杂，在四川盆地周边，以及陕西、河南南部、安徽中部、江苏北部的适宜区扩大，而在云南、西藏东南部、贵州、四川南部、湖北、江苏南部等地的适宜区呈碎片状缩小。此外，我国西北部鲜食杏的适宜区整体呈扩大趋势，在新疆的塔城市和伊宁市都有所增加。

1991—2010年鲜食杏种植的适宜区整体呈缩小趋势，原适宜区南北侧的适生范围都有所减少。甘肃东部、宁夏北部及内蒙古东部的通辽、赤峰地区适宜区减小趋势较明显，山西、河北北部适生区面积呈带状减少，但范围较小。南方地区鲜食杏适宜区的缩小涉及陕西、湖北、河南、安徽、江苏等多个省份且减少的范围较大，但在云南、贵州、重庆、湖北、安徽以及江苏南部地区也有较大范围的适生区增加。我国西北部地区的鲜食杏适生区变化趋势不明显，仅在新疆塔城有小范围的缩小。

2001—2020年间鲜食杏适生区边界在原适宜区北部呈现北移趋势，整体走向与1981—2000年北部的移动趋势类似，适生区扩大最明显的地区位于甘肃、宁夏、内蒙古三省(区)交界地带以及内蒙古的通辽、赤峰两市，但环渤海地区的适宜种植范围向内陆缩小。南方鲜食杏适生区的变化较为复杂，在陕西南部、湖北北部、河南南部、安徽和江苏北部地区呈带状增加，但在四川、重庆、贵州三省交界地带，长江入海口周边地区也存在较大范围的适生区减少现象。此外，在云南及西藏东南部地区的适生区面积整体上有所增加。

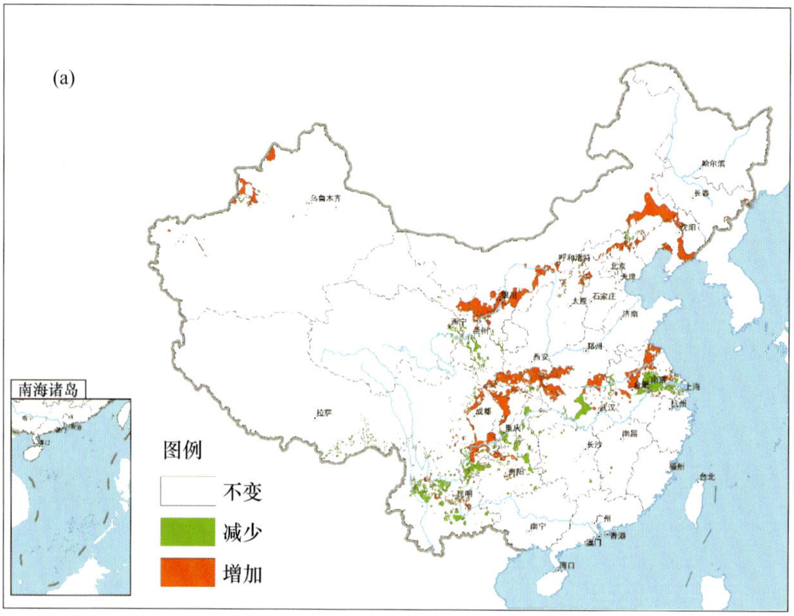

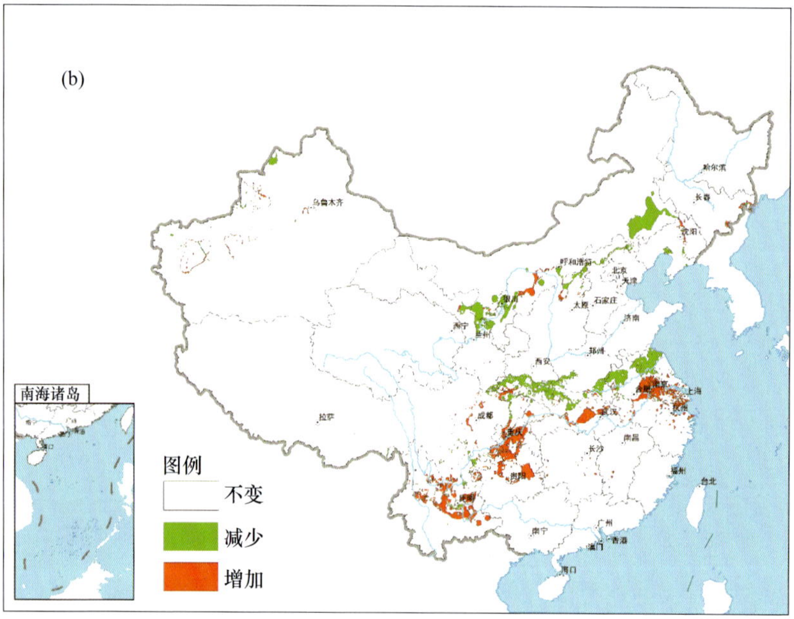

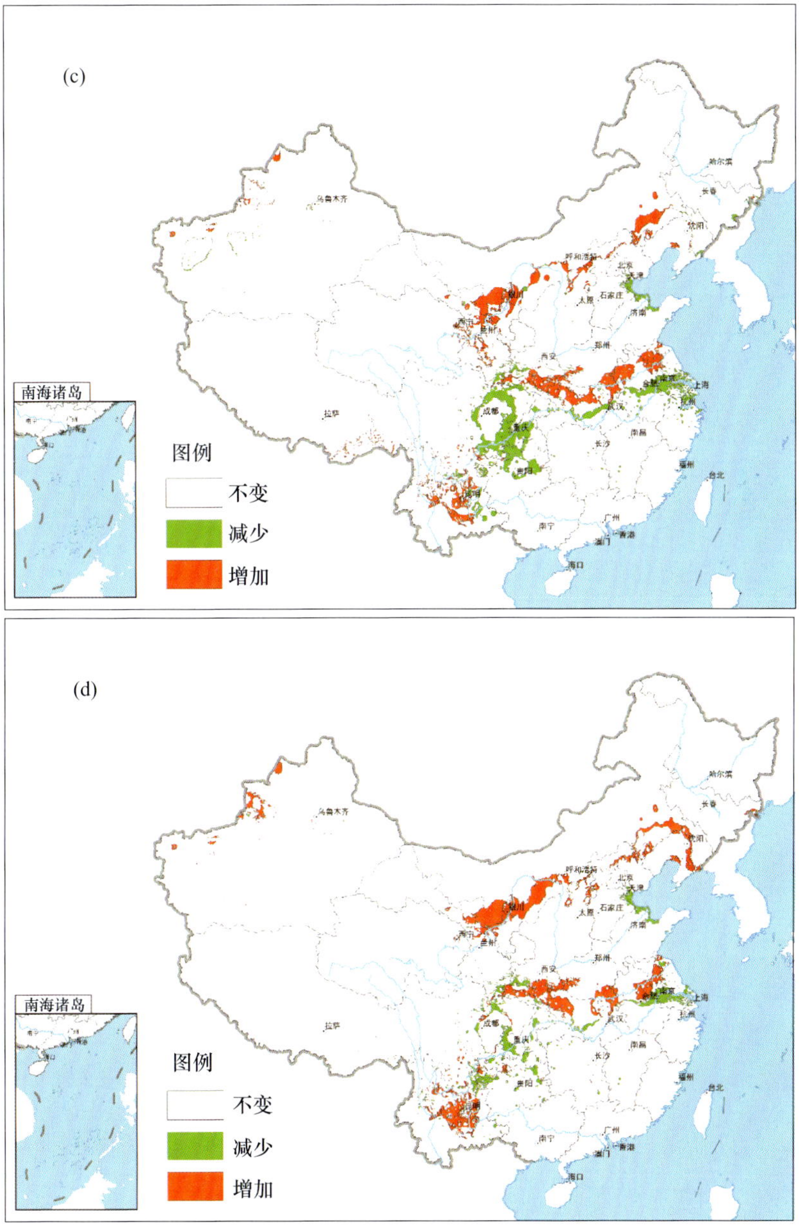

图 5.18 鲜食杏适宜区的年代际变化

(a)1991—2000 年与 1981—1990 年相比；(b)2001—2010 年与 1991—2000 年相比；
(c)2011—2020 年与 2001—2010 年相比；(d)2011—2020 年与 1981—1990 年相比

总体来看，自 1981—1990 年到 2011—2020 年我国原适宜区北部鲜食杏适宜区有所增加，适宜区边界北移较明显，主要集中在内蒙古与甘肃、宁夏的交界地带以及辽宁北部、内蒙古东部地区，但在环渤海地区有一定鲜食杏适生区损失；我国西北部的鲜食杏适生区也呈增加态势，在新疆的伊宁、塔城、喀什、阿克苏等地的适生区都有所增加；与北方相比，南方鲜食杏适生区的变化更加复杂，在陕西南部、湖北北部、河南南部、安徽、江苏北部存在较明显的增加，但在四川、重庆、贵州等地呈破碎化减少，在长江入海口周边地区也有较大范围的缩小。此外，云南的鲜食杏适生区增加范围较大，只有少部分地区有所缩小，这意味着云南将成为未来鲜食杏产业发展的潜力产区。

5.5 仁用杏气候适宜性区划

5.5.1 仁用杏地理分布点与潜在环境因子

在鲜食杏气候适宜性区划的研究中，本节综合考虑了气象条件及海拔高度对鲜食杏地理分布的影响，将鲜食杏的潜在分布划分为 4 个适生等级，取得了较好的区划成果。仁用杏多为野山杏或西伯利亚杏与普通杏的杂交品种，与鲜食杏相比，对低温和干旱具有更强的抗逆性，对自然环境的适应能力更强，在大多数能够种植鲜食杏的地区也可以种植仁用杏，但大多数鲜食杏品种具有肉仁两用性，例如库车小白杏、金太阳杏等品种都是肉仁兼用型果树，珍珠油杏出仁率可以达到 42%（王有信等，2015），与果肉酸涩难食的仁用杏相比可以发展更多加工渠道，增加农民收入。因此，很多可以种植仁用杏的地区出于对经济收益的考虑，选择只种植鲜食杏，造成了对仁用杏生态位宽度的压缩，如果仅利用仁用杏的分布点与潜在气候因子构建 MaxEnt 模型，不仅会造成对仁用杏潜在适生范围的低估，还会影响研究成果对仁用杏产业发展的指导效果。在综合考虑各种生理条件后，本研究采用将鲜食杏与仁用杏的分布点结合起来作为仁用杏地理分布点的方式构建了最大熵模型，选取的潜在环境因子与鲜食杏相同。

5.5.2 模型准确性评价

基于合并原鲜食杏与仁用杏分布点得到的 467 个分布点和 12 个潜在环境因子构建最大熵模型，并将其中 75%的分布点用于模型训练，剩余 25%用于结果测试，最终得到训练数据集和测试数据集的 ROC 曲线（图 5.19）。

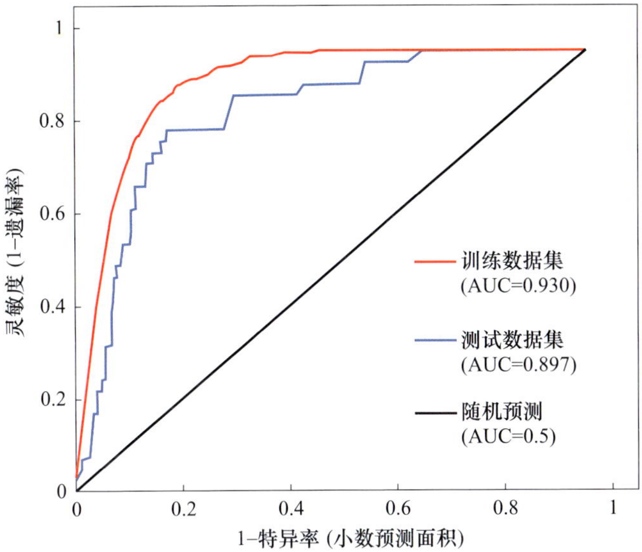

图 5.19 基于影响仁用杏种植分布的潜在环境因子构建的模型 ROC 曲线

结果表明，训练数据集的 AUC 值为 0.930，测试数据集的 AUC 值为 0.897，模型准确性达到“良好”水平，可以采用此模型进行影响仁用杏潜在地理分布的主导环境因子筛选和适宜区预测工作。

5.5.3 主导环境因子

从 MaxEnt 模型输出的 12 个潜在环境因子对仁用杏潜在地理分布的贡献百分率和置换重要性（表 5.5）中可以看出，年降水量、海拔高度对模型的贡献百分数分别为 34.3％和 24.1％，置换重要性分别为 21.1％和 36.6％，贡献百分数和置换重要性均比较大，而 3—4 月日平均气温低于−1 ℃天数的贡献百分率虽然只有 9.2％，但置换重要性达到 24％，表明这 3 个因子对仁用杏的潜在地理分布有较大影响；年极端最高气温、≥10 ℃有效积温、年日照时数、年极端最低气温、年平均日较差和无霜期这 6 个因子的贡献百分数均低于 2％，置换重要性也较低，表明模型对这 6 个潜在环境因子的依赖程度较低。

表 5.5 潜在环境因子的贡献百分率和置换重要性

环境因子	贡献百分率/％	置换重要性/％
年降水量	34.3	21.1
海拔高度	24.1	36.6
年平均温度	17.4	2.0

续表

环境因子	贡献百分率/%	置换重要性/%
3—4 月日平均气温低于−1 ℃天数	9.2	24.0
最冷月平均气温	7.0	1.5
最热月平均气温	2.3	5.4
年极端最高气温	1.9	1.6
≥10 ℃有效积温	1.4	3.6
年日照时数	1.0	0.6
年极端最低气温	0.7	0.8
年平均气温日较差	0.6	2.2
无霜期	0.1	0.6

依据潜在环境因子的相关性检验结果以及这 12 个因子对仁用杏地理分布模型的贡献百分数和置换重要性，对相关系数$|r|\geqslant 0.8$且贡献百分率和置换重要性较低的潜在环境因子予以剔除。由图 5.13 可知，年平均温度与 3—4 月日平均气温低于−1 ℃天数、年极端最低气温、≥10 ℃有效积温、无霜期和最冷月平均气温的相关系数均高于 0.8，海拔高度与年极端最高气温、最热月平均气温存在高相关性。其中，年平均温度的贡献百分率为 17.4%，高于 3—4 月日平均气温低于−1 ℃天数贡献百分数的 9.2%，但年平均温度的置换重要性仅为 2%，远远低于 3—4 月日平均气温低于−1 ℃天数的 24%，因此应保留 3—4 月日平均气温低于−1 ℃天数作为主导环境因子，将年平均温度剔除；海拔高度的贡献百分率和置换重要性均高于年极端最高气温与最热月平均气温，应予以保留。

基于仁用杏地理分布数据构建的 MaxEnt 模型输出的刀切法结果表明（图 5.20），当仅保留单一变量时，3—4 月日平均气温低于−1 ℃天数对模型的增益最大，约为 0.56，而年平均气温日较差、年极端最高气温和年日照时数的增益仅为 0.2～0.3 左右，对模型的重要性较低；在去除单一变量时，海拔高度对模型的正规训练增益最小，表明海拔高度对模型增益最大且包含更多信息，对仁用杏地理分布的影响较大。

综合考虑 12 个潜在环境因子间的相关性、贡献百分率、置换重要性和刀切法结果，将相关性较大且对模型的贡献较低的年平均温度、年极端最高气温和最热月平均气温剔除。此外，≥10 ℃有效积温、年日照时数、年极端最低气温、年平均气温日较差和无霜期的贡献百分率和置换重要性均较低，不宜被选作主导环境因子。其中，年平均气温日较差和年日照时数 2 个变量对模型的增益也较低，表明模型对年日照时数和年平均气温日较差的依赖程度较低，受其影响的程度也更小，因此，在选取主导气候因子时应排除年日照时数和年平均气温日较差两个因子。最终，确定了影响仁用杏潜在地理分布的主导气候因子为：年降水量、海拔高度、3—4 月日平均气温低于−1 ℃天数和最冷月平均气温，依据这 4 个主导环境因子和仁用杏地理分布数据，重新构建最大熵模型，其训练测试集的 AUC 值达到 0.903，测试数据集的 AUC 值为 0.862(图略)，达到“良好”标准。

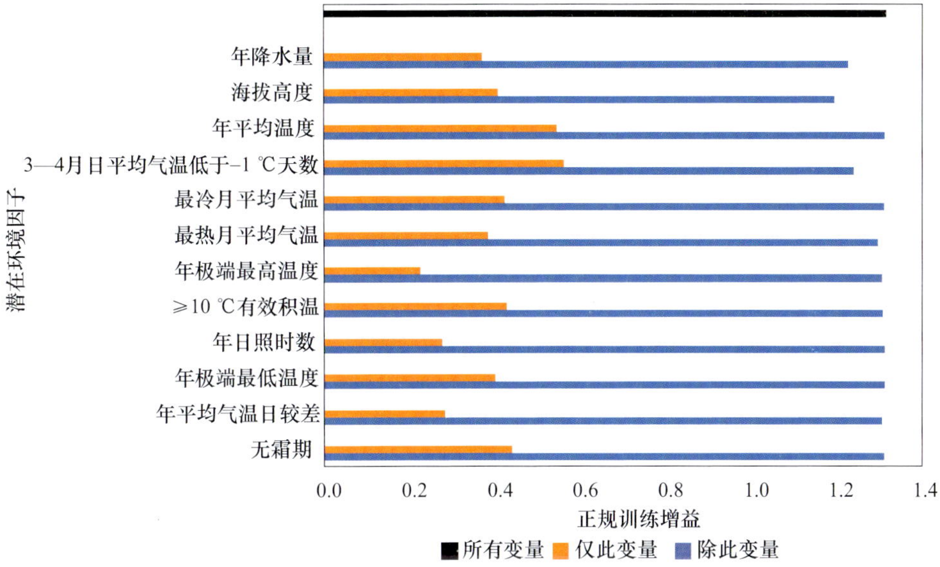

图 5.20 基于刀切法的各潜在环境因子对仁用杏种植分布的贡献

5.5.4 仁用杏适生区环境因子阈值

根据表 5.6 所示等级划分标准，采用自然间断点分级法将仁用杏的潜在种植区划分为高适宜区、较适宜区、次适宜区和不适宜区，并根据输出的各主导因子与适生概率 P 的响应曲线，厘定各等级适生区的主导因子阈值，结果如表 5.6 所示。

表 5.6 仁用杏适生区等级划分

适生概率 P	适生区等级
$P \geqslant 0.48$	高适宜区
$0.26 \leqslant P < 0.48$	较适宜区
$0.08 \leqslant P < 0.26$	次适宜区
$P < 0.08$	不适宜区

年降水量是对仁用杏地理分布影响最大的主导环境因子，是仁用杏扩大产业范

围、增加产量的重要限制因子。仁用杏的抗旱能力强于鲜食杏，王乃江等(2001)研究比较了西伯利亚杏(山杏)、仁用杏(大扁杏)和鲜食杏的抗旱能力，结果表明，西伯利亚杏对干旱的抗逆性最强，仁用杏次之，鲜食杏的抗旱表现最差。如表 5.7 所示，年降水量为 380～970 mm 的地区是仁用杏种植的高适宜区，对年降水量的最低需求低于鲜食杏高适宜区的下限 440 mm，年降水量的上限却相差不大，表明仁用杏实现优质高产对年降水量的需求比鲜食杏更低，在年降水量较少的地区，种植仁用杏比鲜食杏更容易保障品质和产量，在年降水量低于 440 mm 的地区可以考虑种植仁用杏以获得更高的水分利用效率，例如我国北方农牧交错带年降水量在 250～450 mm 之间，降水年际间波动较大且呈下降趋势，分布不均(逯玉兰 等，2021；史培军，1989)，降水量不稳定可能使发展鲜食杏产业面临产量和品质波动的风险，选取对水分适应性更强的仁用杏更容易达到稳产优产的目标。当年降水量达到 1440 mm 或低于 60 mm 时不适宜发展仁用杏产业，这与鲜食杏种植不适宜区的年降水量阈值相似，表明鲜食杏与仁用杏对水分胁迫的极限耐受能力差别不大，在年降水量较多的地方，涝害仍是限制仁用杏种植的重要原因，在年降水量极少且缺乏灌溉条件的地区，仍不适宜发展仁用杏。

表 5.7 仁用杏不同等级适生区主导环境因子阈值

主导环境因子	高适宜区	较适宜区	次适宜区	不适宜区
年降水量 R_f/mm	$380 \leqslant R_f \leqslant 970$	$350 \leqslant R_f < 380$ 或 $970 < R_f \leqslant 1160$	$60 \leqslant R_f < 350$ 或 $1160 < R_f \leqslant 1440$	$R_f < 60$ 或 $R_f > 1440$
3—4 月日平均气温低于 −1 ℃天数 R/d	$0 \leqslant R \leqslant 6$	$6 < R \leqslant 13$	$13 < R \leqslant 20$	$R > 20$
海拔高度 H/m	$H \leqslant 160$	$160 < H \leqslant 2640$	$2640 < H \leqslant 2650$	$H > 2650$
最冷月平均气温 T_c/℃	$-8.0 \leqslant Tc \leqslant 3.8$	$-12.3 \leqslant Tc < -8.0$ 或 $3.8 < Tc \leqslant 8.4$	$-12.3 \leqslant Tc < -19$ 或 $8.4 < Tc \leqslant 13$	$Tc < -19$ 或 $Tc > 13$

3—4 月日平均气温低于−1 ℃的天数对仁用杏产业的发展至关重要，仁用杏实际分布的地理位置与鲜食杏相比纬度更高，平均温度更低，更容易面临霜冻害对仁用杏产量的影响。研究表明，当 3—4 月日平均气温低于−1 ℃的天数大于 20 d 时，仁用杏受春季霜冻害影响较大，该地区不适宜种植仁用杏。黑龙江、内蒙古的东北部地区以及西藏西部和青海南部地区 3—4 月日平均气温低于−1 ℃的天数大于 18 d，遭遇春季霜冻害的概率较高，不利于仁用杏产业的发展，在这些地区盲目栽培仁用杏将面临较大的产量波动和经济损失风险。当 3—4 月日平均气温低于−1 ℃天数低于 7 d 时，仁用杏遭受霜冻害的概率较低，是仁用杏潜在分布的高适宜区。我国长城沿线南部的大部分地区以及新疆天山山脉南部地区的 3—4 月日平均气温低

于−1 ℃天数都在此阈值范围内，霜冻害引起的产量和经济损失较小，在其他环境条件适宜的情况下，可以考虑发展仁用杏产业。与鲜食杏各适生等级的3—4月日平均气温低于−1 ℃天数的阈值相比，仁用杏对3—4月日平均气温低于−1 ℃天数的要求更低，抗逆性更强，这可能与仁用杏的抗霜冻害品种有关。有文献记载，“龙垦杏”在花蕾期、盛花期和幼果期经历了−7.1～−3.3 ℃低温，坐果率仍未受影响(张加延 等，2003)。因此，在我国长城沿线周边地区，种植鲜食杏可能面临更高的霜冻害风险，选择种植仁用杏或采取混种的方式可以有效保障杏产品产量的稳定，减少农民经济损失。

仁用杏多为西伯利亚杏、辽杏或普通杏与西伯利亚杏的杂交品种，与鲜食杏相比对低温的抗逆性更强，但在实际生产活动中，受北方严寒天气的影响，仁用杏的花芽和枝条易受冻害影响造成损伤(田介云 等，2018)。最冷月平均气温低于−19 ℃的地区是仁用杏种植的不适宜区，比鲜食杏不适宜区的阈值−13 ℃低6 ℃，只有位于我国最北部的呼伦贝尔草原和黑龙江的黑河、伊春北部与大兴安岭地区的最冷月平均气温在−20 ℃以下，不适宜栽培种植仁用杏。最冷月平均气温高于13 ℃的地区不利于仁用杏完成冷量积累打破休眠和早春花芽萌动，不适宜发展仁用杏产业，该结果与鲜食杏对最冷月平均气温的上限一致，表明鲜食杏与仁用杏对最低冷量积累的需求相同。将仁用杏高适宜区的最冷月平均气温阈值与鲜食杏比较发现，仁用杏的阈值比鲜食杏更宽，最冷月平均气温下限比鲜食杏低3 ℃，在鲜食杏种植高适宜区的北部可以考虑种植仁用杏以获得更优质的产品和更高的产量。

海拔高度对仁用杏的环境适宜性有较大影响，但不同适生等级的海拔高度阈值与鲜食杏相比差别不大。研究结果表明，仁用杏在海拔高于2650 m以上的地区不适宜生长，低于160 m的平原地区是仁用杏种植的高适宜区，且在海拔高度为0—2640 m的地区种植仁用杏能取得较高的品质和产量。青藏高原大多数地区的海拔高度均在3000 m以上，不适宜大规模发展仁用杏产业，盲目在该地区扩大生产可能会导致仁用杏生长不良、产量下降、品质不佳，但西藏东南部地区地势复杂，沟壑纵横，可以考虑在海拔较低的沟谷或坡面处种植仁用杏以提升经济收益。

5.5.5 仁用杏气候适宜性区划

5.5.5.1 区划结果

基于467个仁用杏地理分布点与4个主导环境因子构建的MaxEnt模型输出的仁用杏潜在分布的适生概率 P，利用自然间断点分级法进行仁用杏的气候适宜性区划，其结果如图5.21所示。受经济和管理条件等多方面因素的影响，仁用杏目前主要在我国北方种植，在改善生态环境和创造外汇收入方面起到了巨大作用；但仁用杏抗旱和抗寒能力更强，其潜在适生区比鲜食杏更加广泛。研究结果表明，仁用杏的次适宜区、较适宜区和高适宜区的总面积达383.0万 km^2，占中国大陆总面积的

39.83%，比鲜食杏适宜区的总面积大了 88.7 万 km^2。

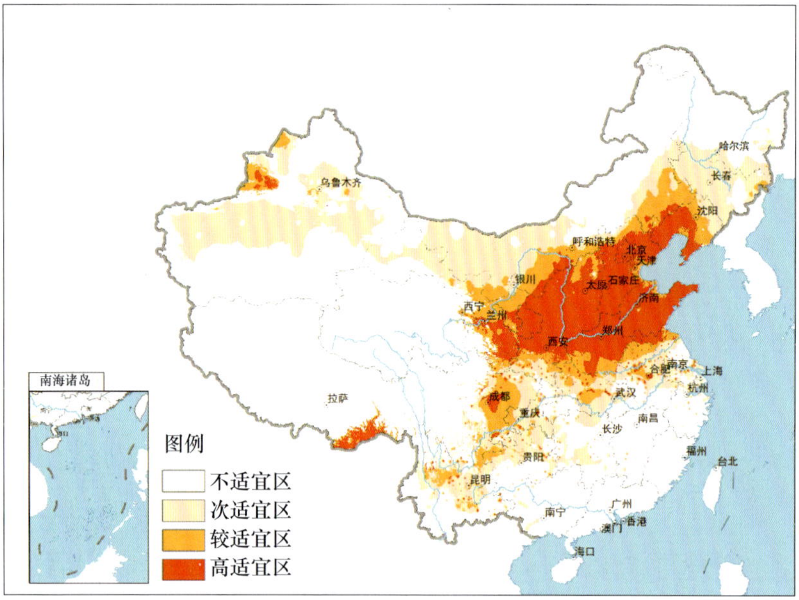

图 5.21 中国仁用杏气候适宜性区划

仁用杏种植的高适宜区主要位于我国的华北平原、黄土高原和环渤海地区，东起黄、渤海海岸线，西至六盘山与祁连山脉交界地带，北至长城沿线和燕山山脉北部地区，南至秦岭和江苏、安徽省北部，涉及山东省全境，辽西地区，河北、山西和陕西省大部分地区，甘肃南部阿尼玛卿山和岷山以东地区，河南省中北部以及北京、天津两市。仁用杏的高适宜区总面积达 100.0 万 km^2，占我国总面积的 10.43%，与鲜食杏种植高适宜区相比，面积增加了 27.5 万 km^2，边界显著向北扩展，主要表现在辽宁、河北、山西和陕西 4 省，其中辽宁的高适宜区由葫芦岛和大连两市拓展到阜新北部与内蒙古交界地带，河北张家口和承德的部分地区进入高适宜区范围内，山西北界扩展到大同盆地周边地区，陕西榆林北部地区也成为仁用杏种植的高适宜区；原高适宜区南部边界也稍有变化，主要体现在受海拔因素影响不属于鲜食杏种植高适宜区的山东丘陵地区成为仁用杏种植的高适宜区。此外，在我国西北部地区和西南部地区也有少量仁用杏高适宜区分布，涉及新疆伊宁、西藏东南部的山南和林芝地区以及四川成都周边地区，与鲜食杏相比，这些地区的高适宜区范围都有所扩展，与四川相比，新疆和西藏东南部的高适宜区面积的增加更为显著。

仁用杏潜在地理分布的较适宜区总面积为 79 万 km^2，比鲜食杏小 11 万 km^2，主要分布于仁用杏高适宜区的周边地区。较适宜区沿高适宜区北界呈条带状向北拓展，涉及辽宁东部丹东、抚顺、本溪和铁岭四市的西部地区，河北北部张家口和承德两市，山西北部地区，宁夏的吴忠、中卫两市，甘肃中部祁连山脉东侧部分地区以及内蒙古南部鄂尔多斯、包头、乌兰察布、通辽、赤峰等市；向高适宜区南部拓展的地区主要集中在秦岭南部、巴山北部以及淮河流域北部。此外，在四川东部盆地和云南楚雄和大理以及新疆的伊宁和塔城市也有少部分较适宜区分布。与鲜食杏的较适宜区相比，仁用杏较适宜区南界差距较小，北界北移趋势明显。

仁用杏种植的次适宜区总面积为 187 万 km^2，占中国大陆总面积的 21.18%，与鲜食杏相比增加了 72 万 km^2。根据仁用杏次适宜区的位置可将其分为南北两部分，其中，南部次适宜区与鲜食杏次适宜区的位置和面积均差别不大，而仁用杏北方次适宜区面积显著大于鲜食杏，次适宜区明显向北扩展，主要差别集中在东北地区、内蒙古西部以及新疆东部。东北地区涉及辽宁西北部的丹东、抚顺、本溪、铁岭四市，吉林除白山和吉林外的大部分地区，以及呈条带状分布的黑龙江哈尔滨南部的小部分地区；内蒙古西部的次适宜区西起甘肃东部至呼和浩特，南起甘肃的祁连山脉与宁夏银川，北至内蒙古与蒙古国国界线，次适宜区面积显著大于鲜食杏；新疆东部地区主要涉及吐鲁番、哈密、昌吉，以及塔城等地，由乌鲁木齐周边地区向外扩散。仁用杏次适宜区范围的扩大主要与仁用杏更耐寒的生理特性相关，与鲜食杏次适宜区存在差别的东北地区、内蒙古以及新疆的部分地区最冷月均温均低于−9 ℃，满足仁用杏较适宜区最冷月平均气温的需求，但在鲜食杏不同适生等级的划分中处于次适宜区的阈值范围内。

与鲜食杏的不适宜区相比，仁用杏的不适宜区缩小了 88.7 万 km^2，两种杏的不适宜区在我国西南部地区以及东南部地区的面积和位置差别不大，面积的差异主要是仁用杏的次适宜区在我国东北部以及新疆东部的面积扩大导致的，仁用杏东北部以及西北部地区的不适宜区南界比鲜食杏更偏北，表明严寒和干旱环境对仁用杏的影响比对鲜食杏更小，仁用杏对低温环境的抗逆性更强。

5.5.5.2 区划结果与核心产区的比较

为验证仁用杏区划结果的准确性，将国家林业和草原局发布的《仁用杏产业发展指南》（国家林业和草原局，2020）中提到的仁用杏潜在核心产区，以及文献中给出的目前仁用杏的主产区与本研究结果对比，结果如图 5.22 所示。四大潜在核心产区整体上与本研究区划结果匹配度良好，但西南产区与仁用杏区划结果相差较大；34 个仁用杏的主产区中 30 个位于仁用杏种植高适宜区与较适宜区，4 个位于次适宜区，与区划结果吻合较好。

位于次适宜区的 4 个主产区分别是吉林的白城、松原，黑龙江的泰来以及新疆的昌吉，影响这 4 个地区仁用杏种植适宜性的主要限制因子是 3—4 月日平均气温低于−1 ℃天数，这些地区的 3—4 月日平均气温低于−1 ℃天数均高于 13 d，易受到霜冻影响导致仁用杏减产甚至绝收，因此在区划工作中，这 4 个地区被划分为仁用杏种植的次适宜区，在此地发展仁用杏产业面临着较大的霜冻风险。

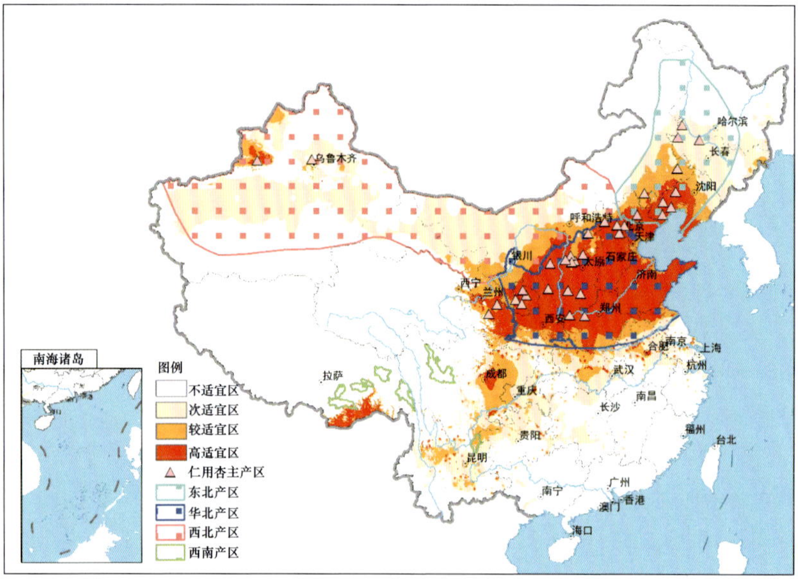

图 5.22　中国仁用杏气候适宜性区划与核心产区位置

《仁用杏产业发展指南》(国家林业和草原局,2020)通过对气候类型的考虑,将适宜发展仁用杏的地区划分为 4 个核心产区。其中华北核心产区与本研究得到的区划结果匹配度较高,该产区内大部分地区为仁用杏发展的高适宜区和较适宜区。此外,《仁用杏产业发展指南》将西藏的林芝、左贡、加查、隆子、洛隆与四川的甘孜、新龙、道孚以及云南的会泽作为我国西南的潜在核心产区,但其在划分核心产区时仅考虑了气候类型对仁用杏分布的影响,缺乏对海拔高度要素的考虑。该核心产区大部分地区的 3—4 月日平均气温低于−1 ℃天数低于 7 d,年降水量为 400～800 mm,最冷月均温为−5～−3 ℃,气候因子阈值均在高适宜区的范围内,然而,该核心产区的平均海拔高度在 4000～5000 m 以上,海拔条件不适宜种植仁用杏,故在本区划结果中未将《仁用杏产业发展指南》中划定的西南核心产区作为仁用杏发展的适宜区;但其给出的东北核心产区以及西北核心产区与本研究的区划结果大致吻合。东北核心产区将哈尔滨至大兴安岭与小兴安岭的交界地带也作为仁用杏种植的适宜区,但该地区 3—4 月日平均气温低于−1 ℃的天数高于 24 d,仁用杏在幼花幼果期遭遇春霜冻害的概率很大,这在一定程度上会造成仁用杏品质和产量的波动以及管理成本的提高,在本区发展仁用杏除需要种植抗寒能力较强的品种外,还需要采取一定的管理措施以保障仁用杏的正常生长发育;在西北核心产区中,3—4 月日平均气温低于−1 ℃天数和年降水量的限制是导致《仁用杏产业发展指南》中规划的核心产区与本研究结果存在差别的主要原因,新疆南部的塔克拉玛干沙漠及其周边地区年降水量不足 100 mm,不能满足仁用杏高产优产的需求,且新疆天山山脉北部地区,以及该核心产区东部的3—4月日平均气温低于−1 ℃天数高于13 d，仁用杏遭受霜冻害的可能性较高，这些地区水分条件和温度条件的不足是本区划结果将其划为仁用杏种植不适宜区的主要原因，在此产区发展仁用杏应注意充分保障灌溉以及冻害防御管理措施的实施。

5.5.6　仁用杏气候适宜区的年代际变化

将仁用杏潜在适生等级为高适宜和较适宜的地区作为仁用杏种植的适宜区，探究4个年代际间的适宜区变化情况。由图5.23可知，除了从1991—2000年到2001—2010年期间仁用杏适宜区面积增加外，其他相邻年代际间的适宜区范围均有所减少，但整体上面积变化不大，这可能与仁用杏对环境的抗逆性较强，环境变化对仁用杏适宜种植区的影响较小有关。

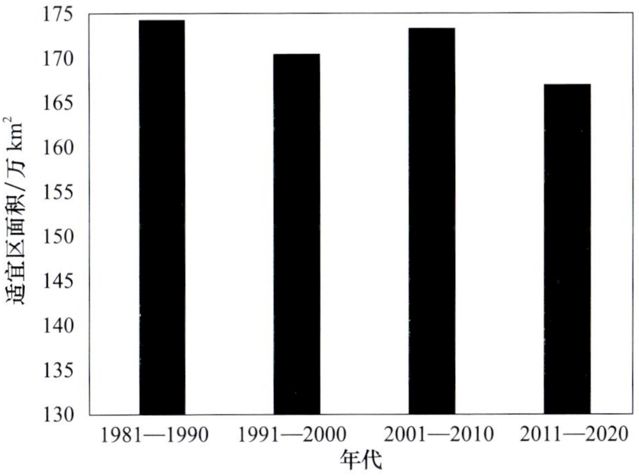

图5.23　不同年代际仁用杏气候适宜区面积

20世纪80年代我国仁用杏气候适宜区面积约为174万 km²，占全国陆地总面积的18.08%，比同时期鲜食杏适宜区面积大29万 km²。20世纪90年代与80年代相比，仁用杏适宜面积减少了4万 km²，约占全国总面积的17.68%，2001—2010年仁用杏适宜面积约为173万 km²，较20世纪80年代略有减小，较90年代有所增加，2011—2020年仁用杏适宜面积达到167万 km²，较1981—1990年、1991—2000年和2001—2010年均有所减少。

20世纪80年代到90年代间，仁用杏适宜区范围整体呈缩小趋势，适宜区北部与南部均沿原适宜区边缘向内移动(图5.24)。北部适生区的减少涉及辽宁、内蒙古、甘肃、青海等省份，仅在宁夏银川北部地区有部分仁用杏种植适宜区面积增加；南方地区适宜区呈碎片状变化，适宜区减小的地带主要包括四川、重庆和贵州三省(市)，适宜区面积增加地区主要包括安徽北部，陕西、湖北、河南三省交界地带，以及云南省部分地区。

1991—2010 年间，仁用杏适宜区的变化与 1981—2000 年间类似，都是沿原适宜区边缘呈条带状向内缩小，减小最多的部分主要包括辽宁东部、宁夏银川北部、云南，以及贵州与云南的交界地带。仅少部分地区存在适宜区增加的趋势，主要包括甘肃、江苏北部以及新疆的塔城地区。

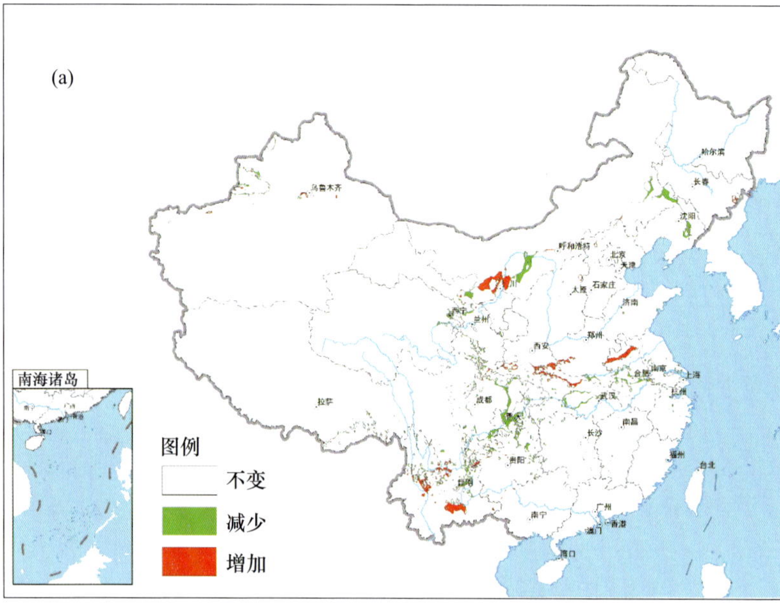

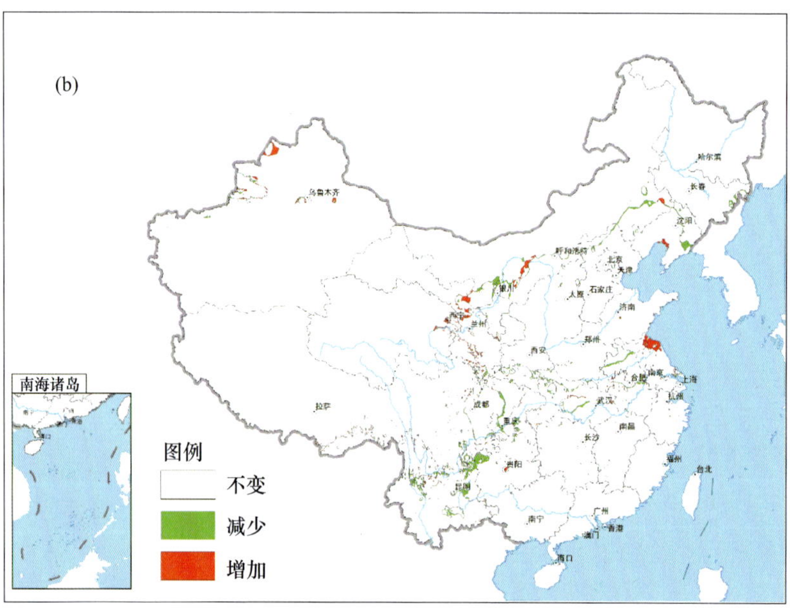

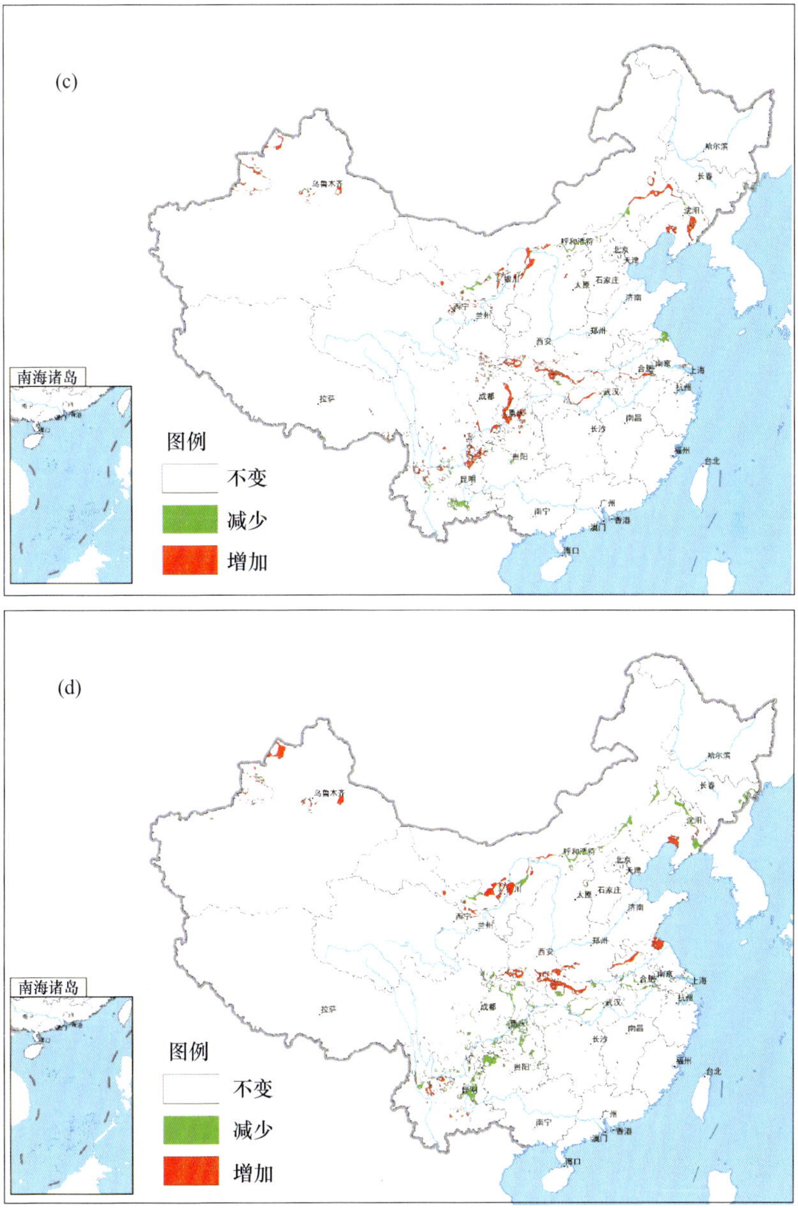

图 5.24　仁用杏适宜区的年代际变化

(a)1981—1990 年与 1991—2000 年对比；(b)1991—2000 年与 2001—2010 年对比；
(c)2001—2010 年与 2011—2020 年对比；(d)1981—1990 年与 2011—2020 年对比

2001—2020 年仁用杏适宜区整体呈扩大趋势，原适宜区南北两侧适宜区面积都有所增加。北部地区主要集中在辽宁和内蒙古两地，南部则沿原适宜区向南扩展，仅少部分地区的适宜区面积略有减少，主要集中在云南的玉溪、红河等地。

总体来看，2011—2020 年与 1981—1900 年相比，仁用杏适宜种植区略有缩小，主要表现在我国西南部云南、贵州、四川、重庆 4 省(市)以及辽宁、内蒙古的部分地区。仅在原适宜区南北两侧的少部分地区及西北的部分地区存在适宜区面积增加的状况，在原高适宜区南部，部分地区的仁用杏种植适宜区呈条带状增加，在北部地区，辽宁、内蒙古、甘肃、宁夏等地适宜区增加面积较小。此外，在宁夏的银川北部以及新疆北部的塔城和吐鲁番地区也有小面积的适宜区增加。

第 6 章

杏树天气指数保险

6.1 天气指数保险国内外研究现状

天气指数保险的概念最早出现在 20 世纪 90 年代中期，作为一种新型保险模式，具有客观独立、科学敏感、公开透明、及时有效等特性，目前日本、加拿大、印度、美国、墨西哥等国家已经形成比较成熟的农业天气指数保险制度，在农业减灾减损方面发挥了巨大作用。Jarrod Katha(2019)利用了澳大利亚小麦主产区 15 个农场 31 a 的产量数据，建立了冬季降水指数与产量的关系模型，设计了澳大利亚小麦冬季干旱气象指数保险；Paresh Shirsatha(2019)通过结合农业气象统计分析、作物生长模型和优化技术，开发了一种新的气象保险合同设计方法，通过在印度实地测试，此设计方法在没有额外补贴成本(就保费率而言)的情况下收益更好，农民满意度更高。

国内在基于不同的区域设计不同农作物天气指数保险产品方面，也做了大量工作。刘映宁等(2010)对陕西果区苹果的冻害天气指数保险进行了研究，通过分析开花期气温对苹果产量的影响，设计了相应的天气指数保险；熊旻等(2016)采用了江西南昌县 35 a 的早稻单产数据、暴雨灾害记录和逐日降水数据，设计了早稻暴雨指数保险，并得到了不同免赔率下的纯费率；刘新利等(2017)对海南橡胶树风灾指数保险的指数选取与设计进行了研究，发现致灾因子强度和孕灾环境要素能较好地解释橡胶树风灾的历史损失；王新伟等(2018)对河南花生设计了连阴雨灾害天气指数保险，对不同的区域制定了不同的免赔率，并确定了不同区域的纯保险费率；杨洁(2019)通过对安徽砀山县酥梨面临的低温冻害风险的分析，研究设计了一款符合砀山县实际情况和可操作性的低温冻害天气指数保险产品；王月琴等(2019)认为农作物在生长中不是受单一天气因素影响，而是受多种灾害因素综合影响，因此针对山西沁县谷子开展了综合天气指数保险研究，并得出了保险费率、天气指数触发值和赔付标准。通过国内外将天气指数保险应用于实际的案例，可知天气指数保险的应用地区针对性很强，地域环境、气象特点的不同，对投保的农作物影响程度不同。贺金娜(2022)通过构建连阴雨灾害指数与葡萄减产率的关系模型，应用信息扩散理论方法，计算风险概率，厘定保险费率，设计了辽宁瓦房店鲜食葡萄生长发育关键期连阴雨灾害指数保险产品；杨晓娟(2022)根据陕西省 30 个苹果基地县 1981—2019 年苹果种植面积、产量和单产数据，采用数理统计、产量损失分布模型和最优分布模型筛选等方法，评估各基地县苹果种植风险并厘定苹果种植保险费率，建议在推荐农业保险时，因地制宜实行差异化费率，保证费率的科学性，提高农业保险的效能。

6.2 天气指数保险设计步骤

6.2.1 需求分析和实地调查

6.2.1.1 需求分析

气象、财政、农业和保险公司等多部门联合对当地的农业产业、主要作物、主要气象灾害进行分析，初步确定天气指数保险标的物和保障程度，如保险金额、保险试点范围、政府财政补贴、多数农户的实际参保需求及农户缴费比例等事项。

6.2.1.2 实地调查

调查内容包括：标的物的主要种植区域分布，标的物主要发育期，影响标的物产量的主要气象要素、主要影响时段；不同年景下标的物单产值，正常年景、好年景、差年景的代表年份；标的物单产的种植管理成本，标的物产品价格，不同年景的收入水平，购买保险产品最多能承受的保费等信息。

调查形式包括：赴保险标的物主要生产基地，通过实地观察、与当地农户交流；邀请经营主体、政府部门有关人员和相关专家座谈。

在需求分析和实地调查的基础上，初步确定标的物的主要承保灾种、主要保险时段和关键气象要素。

6.2.2 资料收集与处理

6.2.2.1 资料收集

收集的资料主要包括：承保区域 10 a 以上的气象资料，以及多年农作物产量资料、农作物生育期资料、重要气象灾害灾情资料、基础地理信息、生产记录资料、试验观测资料等。主要来源于气象、农业、统计、民政等部门，以及高校、科研院所、新型农业经营主体(专业合作社、种养殖大户)和文献资料等。

6.2.2.2 数据质量控制

对收集到的气象、产量和灾情等历史资料进行质量控制,主要包括实地调查验证和统计检验方法。

利用历史气象资料,结合气象灾害指标值,对收集到的气象灾情资料进行甄别。

6.2.3 天气指数构建

天气指数可以由单一气象要素构成,也可以是多个气象要素构成的综合气象指数。一般应满足客观性、独立可验证性,并具有较好的稳定性。指数可采用已有的气象灾害指标,也可通过统计分析方法构建得到与减产率显著相关的指数作为反映保险标的物灾害损失程度的天气指数。

(1)基于已颁布的国家标准、行业标准、地方标准或印发的业务指标等规范化农业气象灾害指标,确定造成保险标的物灾害的天气指数。

(2)通过查阅文献,初选造成保险标的物灾害的相关气象要素(光、温、水),采用敏感系数、方差分析或多重比较等方法分析减产率与气象因子的关系,按照引入因子对产量的影响最大,且因子之间相关性较低的原则,筛选灾害关键致灾因子作为保险标的物灾害的天气指数。

6.2.4 天气指数-灾损模型建立

建立天气指数与灾害损失关系模型,常规步骤列举如下(以减产率为例):

(1)计算气象灾害减产率:基于历年单产数据,采用时间序列分析方法拟合趋势产量得到相对气象产量,减产率即为相对气象产量中的减产部分。

$$y_w=(y-y_t)/y_t\times 100\% \tag{6.1}$$

式中,y_w 为相对气象产量;y 为实际产量;y_t 为趋势产量。

(2)确定典型气象灾害样本(年):将某一气象灾害明显发生且导致标的物发生减产的样本作为典型气象灾害样本(年)。

(3)构建天气指数-灾损模型:基于提取的典型气象灾害样本(年),采用统计学等方法,得到天气指数与减产率的关系模型。

(4) 确定天气指数阈值:基于天气指数-灾损模型,计算获得不同减产率对应的天气指数阈值(即不同程度灾害对应的天气指数阈值)。

6.2.5 理赔触发值确定

天气指数理赔触发值表征的是当实际天气指数超过指数保险中规定的值时,保险公司开始做出赔付的值。

理赔触发值的确定过程一般为：基于建立的天气指数-灾损模型，利用保险区域的气象资料和标的物产量资料，分析历史上保险标的物灾害发生损失，计算得出不同天气指数阈值对应的灾害赔付率。考虑赔付率等实际情况，确定相应的天气指数理赔触发值。

6.2.6 纯费率厘定

天气指数保险产品多采用单产风险分布模型法来厘定费率。天气指数保险的纯费率计算公式可表示为：

$$R=\frac{E(\text{loss})}{\lambda Y}=\frac{\int_{F}^{1} x f(x)\,\mathrm{d}x}{\lambda Y} \tag{6.2}$$

式中，R 为纯保险费率；$E(\text{Loss})$为产量损失的数学期望，x 为减产率序列，$f(x)$为单产风险的概率分布，目前较常用的分析作物单产风险分布的参数模型包括 Beta 分布、Gamma 分布、Weibull 分布、Logistic 分布、Burr 分布、对数正态分布和双曲线反正弦分布等；F 为理赔触发值对应的减产率；λ 为保障比例，根据保险区域当地的实际情况确定；Y 为预期单产。

6.3 天气指数保险产品设计与服务

在完成天气指数设计的基础上，进行天气指数保险产品条款设计与服务。

6.3.1 天气指数保险费率优化

开展较大范围天气指数产品设计时，要注重基差风险控制，对天气指数保险费率进行优化。

6.3.2 天气指数保险条款设计

由保险公司设计保险条款。气象部门重点对保险条款中保险责任、保险期限和赔偿处理中的与气象相关的条款进行把关。

6.3.3 天气指数保险气象服务

气象部门可以提供的天气指数保险理赔服务包括但不限于：天气指数跟踪、气象灾害监测预警评估及相关证明出具等。

6.4 鲜食杏低温冻害保险方案示例

6.4.1 保险责任

6.4.1.1 花期低温

3月11—28日鲜食杏开花期间，当日最低气温低于−1.6 ℃时视为触发保险责任，按照整个花期出现的最低温度对应金额进行赔偿。

6.4.1.2 幼果期低温

由于不同地区花期早晚有差异，鲜食杏的幼果期也随花期的早晚而变化，因此，将3月27日—4月30日作为鲜食杏幼果期，当日最低气温低于0 ℃时视为触发保险责任，按照整个幼果期出现的最低温度对应金额进行赔偿。

6.4.2 保险时段

每年3月11日—4月30日，覆盖鲜食杏花期和幼果期。

6.4.3 保险费率及保险金额

每亩保险金额为600元，每亩保费160元。

6.4.4 赔付方式

6.4.4.1 花期低温指数赔偿标准

鲜食杏花期低温冻害的天气指数保险理赔标准见表6.1。

表6.1 鲜食杏花期低温指数阈值与冻害赔偿标准

3月11—28日日最低气温/℃	对应赔偿金额/元
[−3.0,−1.6)	120
[−5.0,−3.0)	240
<−5.0	480

6.4.4.2 幼果期低温指数赔偿标准

鲜食杏幼果期低温冻害天气指数保险理赔标准见表6.2。

表 6.2 鲜食杏幼果期低温指数阈值与冻害赔偿标准

3 月 27 日—4 月 30 日日最低气温/℃	对应赔偿金额/元
[−2.0,−1.0)	240
[−3.0,−2.0)	360
<−3.0	600

在保险期间内累计赔付金额不得超过保险金额。若一个生长期内多次触发赔偿标准,则以赔偿金额最高的一个气象指标计算,其余赔偿指标不计。条款中花期和幼果期的日期,需视当地实际情况做相应的调整。

第7章

杏树主要栽培管理技术

7.1 土壤管理

对杏园进行合理的土壤管理，有利于加厚土壤的耕作层，增加土壤的肥力，利于树体生根和生长发育，同时可有效地消灭杂草和防治病虫害。

7.1.1 树盘覆草

在树盘内盖上15～20 cm厚的作物秸秆或杂草，草上覆土2～3 cm，可有效地增加土壤有机质和矿质养分；减少地表径流，阻止水分蒸发，增加土壤含水量；还可以有效地调节地温，推迟杏树花期，减少晚霜危害；覆草还可以抑制杂草丛生，减少锄草的劳力开支。由于覆草改善了树盘土壤的理化状况，促进了根系和地上部的生长与发育。据分析，覆草可使总根量增加80%左右；树冠体积增加23%左右；完全花比率和坐果率分别增加11.4个百分点和16个百分点，花期推迟2～3 d，平均增产46.1%左右。在树盘内覆盖地膜，或铺卵石，盖沙也都有保持土壤水分、稳定土壤温度的作用。也能抑制杂草，除治虫害，是行之有效的树盘管理方法。每年春秋雨季结合施肥浇水翻松树盘土壤，并覆盖新草。

7.1.2 深翻熟化

幼树期常通过扩穴进行土壤深翻。即以定植穴为中心，结合秋施基肥，每年或隔年向外深翻，直到株间的土壤全部翻完为止。隔行(或隔株)深翻，就是先在一个行间深翻，留一个行间再下一次翻，两次翻完。全面深翻，即在株、行间，将栽植穴以外的土壤全部深翻。深翻后可隔3～5 a再进行下一轮。深翻深度一般在60～90 cm。深翻过程中要尽量少伤根，特别是骨干根。覆土时砸碎土块，并把表土与有机肥掺和后填入底层或根系附近,新土铺撒在上部,促进风化。深翻后要及时灌水,以灌透深翻的土层为宜。

进入盛果期的杏园,每隔 4～5 a 进行一次行间土壤的深翻熟化工作,结合深翻改土扩大树盘,增施有机肥料。

7.1.3 间作种植作物

在杏园行间达到郁闭之前,种植生长周期短的间作作物可获"以短养长"之利,是各地杏园行之有效的增加经营效益的措施。为避免果园间作物与杏树的生长发育发生矛盾,因此,在选择和种植间作物时应遵循如下原则:第一,杏树与间作物需水、需肥关键期基本一致;第二,间作物对杏树的空间利用影响较小,以各种豆类、花生、草莓、小麦、西瓜、甘薯、药材和绿肥矮秆作物为好,同时要留足树盘,使间作物与杏树保持一定的距离;第三,间作物与杏树没有相同的病虫害;第四,从经济效益上综合考虑,通过间作达到经济效益最大化。

7.1.4 果园中耕、除草

幼树定植后,每年对杏树沟进行 3～5 次松土除草,特别是根系部位要勤松土,深松土,使土壤疏松通气,提高土壤温度,减少水分蒸发,防止返盐,促进杏树根系的生长发育,增强根系的吸收能力,加速树体生长,并保持杏树沟无杂草。行间有间作物可于春秋各耕翻一次,深为 20～30 cm,而成龄果树,全年行间进行 2～3 次机械耕翻,春季于萌芽前(3 月中下旬),夏季 5 月上旬,秋季在果实采收后 9 月中旬进行。耕翻时要重视秋耕翻,其具有消灭杂草和病虫越冬虫卵及修剪根系的作用。

7.2 肥水管理

7.2.1 施肥

一般多在秋季深翻时施以有机肥为主的基肥,每亩成龄杏园约施优质粪肥 5000 kg 左右。经验表明,在采收后施基肥有更好的效果。基肥以放射状沟施为宜。根据物候期的进展,于开花前半月追施氮肥,硬核期追施速效氨肥,辅之以磷钾肥;在果实成熟前追施速效钾肥。

根据叶片营养诊断和土壤营养分析来确定杏园施肥量。研究表明,在一般情况下,成龄杏园每公顷施氨素 80 kg、磷 80 kg、钾 80 kg 即可获得良好的收成,继续加大施肥量增产效果并不明显。我国各杏产区土壤肥力普遍较差，尤其是山区和沙地杏园，应普遍增加施肥量，特别是有机肥的数量。

常见的施肥方法有：(1)点状穴施。在树冠投影范围内，距树干 50～100 cm，每隔 50 cm 挖一个小穴，撒入速效肥料后埋土，施肥后立即浇水。也可将肥料放入水中溶解，结合浇水施肥。施行穴贮肥水法是干旱山区省水省肥，简而易行，增产效果显著的肥水管理措施。(2)根外追肥。根外追肥就是叶面喷肥，把肥料溶解在水里，配成浓度较低的肥料溶液，在生长期用喷雾器喷到杏叶片、嫩枝及果实上，肥液直接被吸收。一般常用的肥料及浓度主要有：0.3%～0.5%的磷酸二氢钾、0.2%～0.4%的尿素、0.2%的过磷酸钙、0.1%～0.3%的人粪尿、0.3%的草木灰浸出液。如有缺微量元素症状，可根据需要喷 0.2%～0.3%的硫酸亚铁、0.1%～0.3%的硼酸或硼砂(硼酸钠)、0.3%～0.5%的硫酸锌等。

7.2.2　灌溉

杏园灌溉的时间和灌溉量视气候条件、土壤水分状况和物候期的进展而定。在北方干旱少雨地区，第一次浇水在花芽开始萌动时，最迟不晚于开花前 7～10 d，灌溉量要大，每公顷在 450 t 左右，使土壤含水量达到 70%左右；第二次在硬核期，是一次关键性的灌溉，每公顷灌溉量 450～750 t，此次灌水后宜使土壤含水量保持稳定，一直到果实成熟；果实采收后结合施基肥浇第三次水；在土壤封冻前浇第四次水，也叫封冻水，因秋后土壤含水量较高，封冻水的灌溉量为每公顷 220～300 t。在降水量充沛的地方和年份适当减少次数和水量。

灌溉方式主要有：①畦灌(漫灌)。在平整好的地块上按树行作畦，水通过地面明渠流入树盘。畦宽 3～4 m，长度约 100 m，高 30～40 cm，最好一行树为一畦。畦灌投资少、方便省工，但水的利用率低，仅有 1/3。②沟灌。在水源不足的地方，为了节约用水，在树冠外缘开两条深、宽各 15～20 cm 的沟引水灌溉，灌后盖土保墒。③节水灌溉。对有条件的杏园，可实行喷灌、滴灌、渗灌等节水灌溉方法进行灌溉，既能节约用水，又能灵活调控杏树与间作物的需水矛盾。

7.3　花期霜冻预防措施

7.3.1　熏烟法

杏园熏烟是一种传统的防霜冻方法。烟雾中含有大量二氧化碳和水蒸气，在园地上空形成很厚的烟幕，阻止了地面温度的散失，稳定了园内温度的变化，而不至于形成强烈的降温，也就防止了花果遭低温冻害。熏烟方法有两种，都是用于防止辐射型霜冻。所谓辐射型霜冻是指在无风或微风的情况下，由于晚霜的低温辐射形成的霜冻。

（1）熏烟堆法

所用的材料为枯枝落叶、杂草、作物的秸秆等。每亩最少放 6 堆，每堆盖上湿草或盖上一层土，这样发烟量大，也不至于出现明火。

（2）配制烟雾剂法

用硝酸铵、柴油、锯末三种材料，质量比例为 3∶1∶6。混合均匀后，成为烟雾剂。在柴草等材料不足或奇缺的情况下，可用烟雾剂取代，也能提高防霜冻的机动性。

（3）注意事项

① 在无风或微风天气的情况下，施用熏烟法。有微风时在上风口多放 2 个熏烟堆。

② 在开花期必须坚持技术人员值班，定时与当地气象台站取得天气信息，记录当天天气预报情况。

③ 霜冻多发生在凌晨 03—05 时，当天夜间要随时观测气温变化动态。当气温降到−1.5 ℃（花期）和 0 ℃（幼果期）时，在半小时之内仍继续下降，则应立即点燃熏烟堆。

7.3.2 灌水法或喷水法

平流霜冻通常为大风带来的低温，在新疆经常发生。大风使树体水分大量蒸发，花器和幼果抗寒能力减弱。灌水与喷水都具有防霜冻的作用。

（1）地面灌水

地面灌水后可以增加土壤的热容重，使地表温度增加 2～3 ℃，有效地减轻或避开霜冻灾害。应注意收听天气预报，掌握地面灌水的时间。当有大风降温时，在发生霜冻的前一天进行园地灌水，使树体尽可能多地补充水分，增加土壤和空气湿度，提高地表温度，降低冻害程度。灌水还可推迟花期 4～5 d。

（2）树体喷水

树体喷水与地面灌水具有相同的作用。地面灌水适宜在开花期之前进行，而喷水则是在霜冻来临之前直接向树体喷水，时间从凌晨至日出。

（3）喷布低浓度食盐水

水中有低含量的盐分，可以降低冰点温度。枝条上喷布了食盐水，水蒸气不至于结成霜，从而可减轻或避免霜冻对枝条及花芽的冻害。喷布食盐水应该在休眠期至萌芽前施用，浓度不宜过大，休眠期的浓度应在 20%以下，花芽萌动期不超过 5%。花芽萌发后不能喷布。

7.3.3 推迟花期法

植物激素对杏树开花早晚起重要的调节作用。一般情况下，脱落酸和乙烯是导致休眠的重要激素。因此，除在杏树开花前全园喷水降低花芽温度以延迟开花外，不同时期应用乙烯释放剂(秋季应用)、GA-赤霉素(晚夏和早秋应用)、NAA-萘乙酸(晚夏和早秋应用)和AVG-氨氧乙基乙烯基甘氨酸(花芽膨大期应用)，可有效地延迟开花期。相反，还可以应用喷布植物生长调节剂的方法打破杏树芽的自然休眠(如：石灰氮、GA-赤霉素、BA-苯基腺嘌呤、TDZ-苯基噻二唑基脲以及一些动植物油脂)。

7.3.4 吹风法

在高10 m左右的塔上安装转盘，使直径3～5 m的螺旋桨转动，所用发动机功率为80～100马力。当逆温很强时，紧挨鼓风机附近可升温3.0 ℃，其他均在2.5 ℃以内。在很大面积保证升温效果至多为1.5 ℃，应不停地吹风，至少也应是间歇地吹风，间隔时间应很短，如停止吹风，很快就会恢复到原来的逆温状态。

7.3.5 增温鼓风机

通过应用“增温鼓风机”，使果园的温度在夜间提高4～5 ℃，达到防御晚霜危害的目的。

7.4 其他管理

7.4.1 人工辅助授粉

进行人工辅助授粉可以弥补由于授粉环境不良造成的损失，可较自然授粉提高坐果率3～4倍。花粉采自授粉品种的大当期花药，用滑石粉或淀粉等按1∶5的重量比进行稀释，一般用点授或抖授。大规模杏园可喷花粉水悬液，水悬液的配制比例为花粉1∶水500∶尿素0.5∶蔗糖15，加少许洗衣粉，现用现配。用500倍滑石粉稀释后喷粉也有良好效果。

放养蜜蜂或角额壁蜂等传粉昆虫，可显著提高坐果率。

花期喷水也可显著提高坐果率，在水中添加0.2%尿素和0.2%硼砂效果更好。

7.4.2 疏果

实行疏果可有效地控制大小年的发生，提高果实品质，增大果个。疏果的程度视品种、树势、产量等而定，鲜食大果品种和坐果率高的品种多疏，大年树和弱树多疏，以保持果与果之间有 5 cm 左右的距离为宜。仁用杏除疏去小果、虫果外可不疏果。疏果于落花后半个月左右进行，以手工疏除为主。大规模杏园可用 0.10%～0.50%的西维因或 100 倍石硫合剂等，于盛花期疏除。用 0.10%～0.25%的二硝基磷甲酚(DNDC)也有很好的疏除效果，在晚霜过后喷 25～100 mg/L 的萘乙酸不仅有很好的疏除效果，还可以使受霜害的幼果得以恢复。花期有晚霜预报时应放弃化学疏除计划，使用新的化学疏除剂前应经过严格的试验。

7.4.3 生长调节剂的应用

(1)在盛花期喷 90 mg/L 的赤霉素，可提高当年坐果率并可增加果重；在 10 月中下旬喷 50 mg/L 赤霉素提高来年的坐果率。

(2)在新梢生长初期，每株土施 15%的多效唑粉剂 10 g，可使枝条节间缩短，生长量减少 60%～80%，二次枝量减少 12%，冠径缩小 5%～15%，抑制生长可维持 4～5 a；喷布 500 mg/L 多效唑水溶液也有控制生长的作用。

(3)在新梢抽出 10～15 cm 时，喷 0.3%的阿拉(B)或矮壮素，可减少新梢长度，增加分枝数和花芽量。

7.4.4 环剥和绞缝

盛花期以后半个月进行环剥或纹缝可有效缓和树势，增加花芽量，减少不完全花比例，增进果实品质和提早成熟。环剥和绞缝只适用于生长势过旺的成龄树和大枝，并应配合以良好的肥水管理。

7.4.5 高接换种

对于一些品种不良或缺乏授粉树的低产杏园，可采用多头高接的办法更换品种和改接上授粉树。高接常在春季进行，使用劈接或皮下接法，接穗蘸蜡或用薄膜包扎。也可于春季将欲高接的树冠大枝锯断后，待夏秋季在萌条基部芽接。高接换种时应加强肥水管理和树体保护，树干和大枝涂白，防止日灼。对高接枝进行支缚并及时抹去砧桩上的萌蘖芽。

第 8 章

杏生产气象保障服务系统

杏树春季低温冻害监测预警服务系统是在杏树低温灾害发生气象条件精细预警技术上的突破,对推动农业重大气象灾害监测预警与评价技术水平的进步有重要的支撑作用,对提升杏树低温灾害综合防治能力和决策服务水平、保障国家粮食安全和生态安全、促进农林业经济的可持续发展和社会进步具有很强的科技支撑作用。

杏树春季低温冻害监测预警服务系统基于综合气象条件分析、监测预报预警模块、影响评价、气候区划、产品制作发布等多个子功能模块进行研发,建立气象灾害数据库、各类指标、监测、预警、预报、评价模型的省级实时气象业务平台系统,实现气象灾害发生气象条件监测预警和评价的信息采集、加工处理、模型构建、产品制作及发布等功能,通过业务试运行和效果性能检验,并进行业务示范。

8.1 系统架构设计

杏树春季低温冻害监测预警服务系统基于河北省气象信息共享平台、气象大数据云平台等数据源,通过对实况气象数据、数值预报产品、历史发育期及灾情等进行综合分析,实现基于网格的监测预警服务产品,建立了杏树春季低温冻害监测预警服务系统(图 8.1)。杏生产气象保障服务流程如图 8.2 所示。

图 8.1　杏树春季低温冻害监测预警服务系统主界面

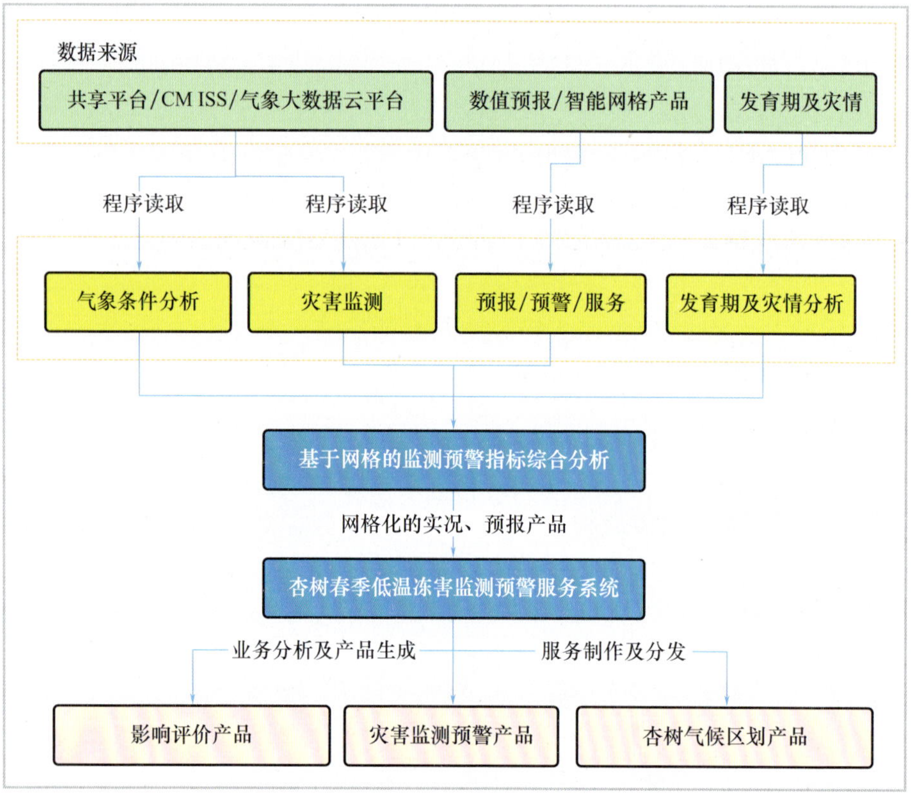

图 8.2　杏生产气象保障服务业务流程图

8.2 系统功能

杏树春季低温冻害监测预警服务系统从主要功能结构上分为气象条件分析、发育期及灾情分析、灾害监测预警、影响评价、杏树气候区划、产品制作发布、系统设置等七个功能菜单，实现了从气象数据读取、分析、预报预警、产品制作发布等一体化的服务流程。

8.2.1 气象条件分析

主要是针对系统所用的气象数据进行管理及分析应用方便业务人员了解气象背景信息，为杏树低温气象灾害监测提供数据基础，该模块实现了任意时段历年值统计、指定日期数据运算、雨日及临界值统计、分区数据统计、初终日计算、指定条件运算、观测站点资料等相关数据的灵活统计、分析、出图等，系统可以查询任意时段的相关数据资料，同时可以表格、文本、图形的形式输出相应产品。

8.2.1.1 任意时段历年值统计

任意时段历年值统计实现了任意时段历年气温、相对湿度、降水、日照、风速、地温等地面观测要素的历史值、原始资料、候、旬、月、季、年的统计，同时可以统计各站历史平均值、极大值、极小值、降幅等，统计结果可以以柱状图、折线图等图表显示，可以直接导出为 Excle 格式。功能界面见图 8.3。

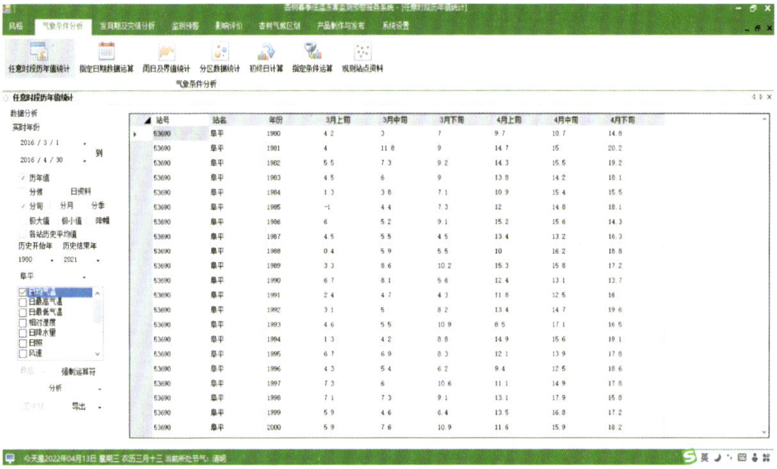

图 8.3 气象条件分析界面

8.2.1.2 指定日期数据运算

指定日期数据运算是为特定需求开发的连续日的统计方式，可以根据指定日期查询，系统会自动统计出指定日期、指定日期的前一天、前两天、前三天的统计结果，统计选项包括任意站点、任意开始结束年份、任意地面观测气象要素（图 8.4）。

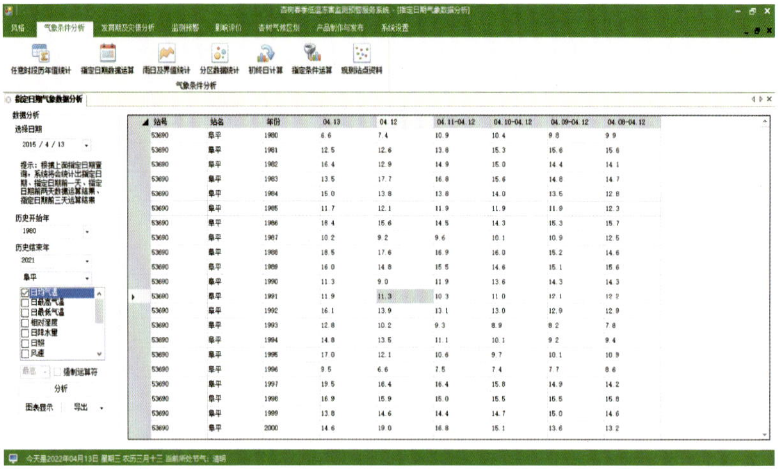

图 8.4 指定日期数据运算

8.2.1.3 雨日及界值统计

雨日及界值统计实现了对任意站点、多站点、任意时段的雨日、各站积温、正负积温、界值日数等统计功能（图 8.5）。

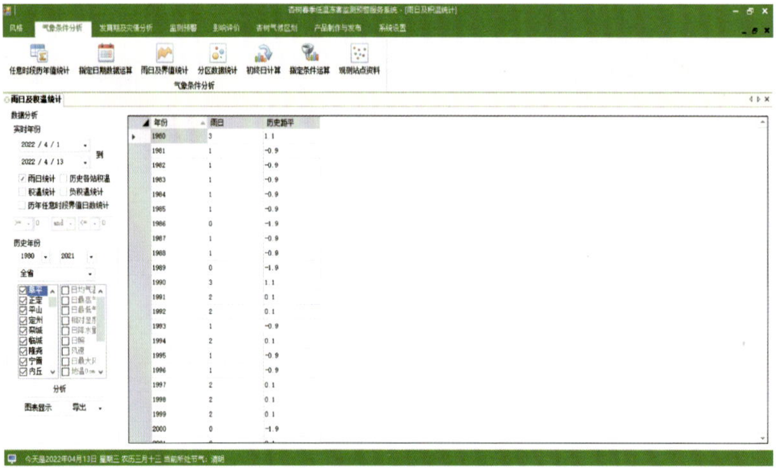

图 8.5 界限值统计分析

8.2.1.4　分区数据统计

分区统计主要实现了按任意区域划分分区后进行历年值、候、周、旬、月、季、年等时段的统计，同时也可以对任意时段进行统计(图 8.6)。

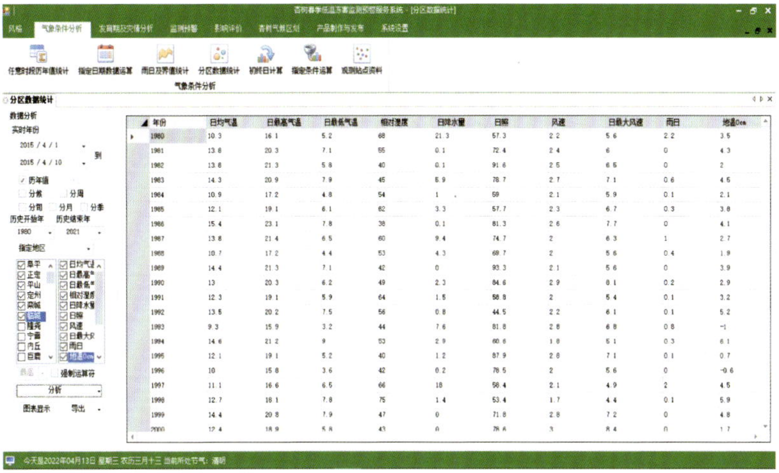

图 8.6　分区数据统计

8.2.1.5　初终日计算

初终日计算常用来统计各个发育期推算，通过稳定通过特定温度的时间及积温进行下一个发育期的推算，系统提供了初、终日的推算及在推算日期基础上的积温计算(图 8.7)。

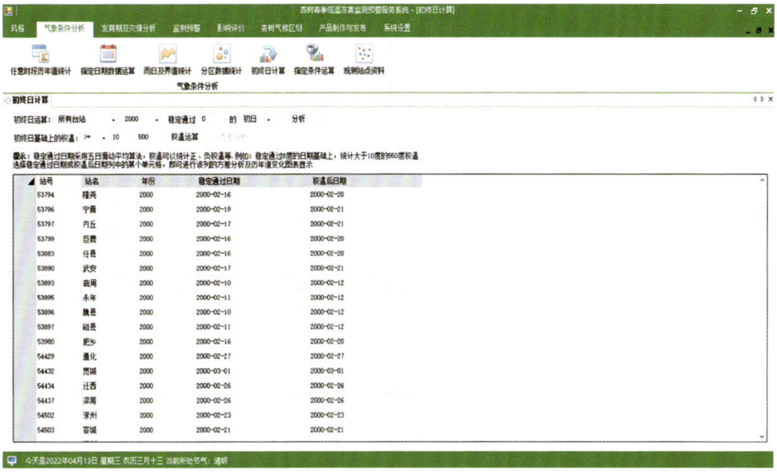

图 8.7　初终日数据计算与统计

8.2.1.6 观测站点资料

观测站点资料是对全省所用站的基础信息进行维护管理(图 8.8)。

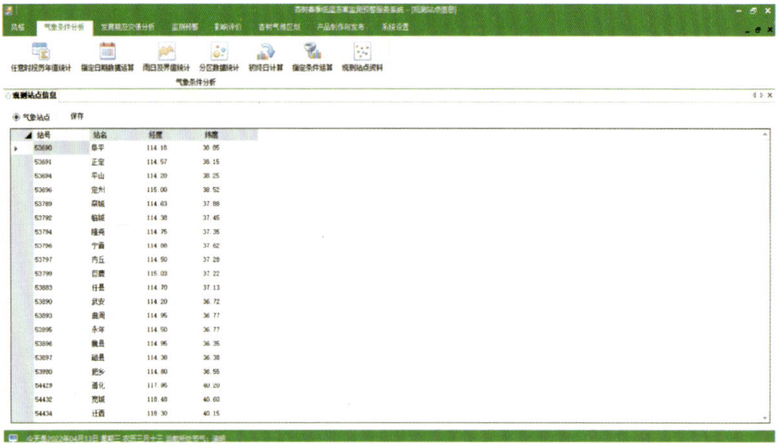

图 8.8 观测站点管理

8.2.2 发育期及灾情分析

该模块主要实现了杏树历年各发育期的数据管理及统计,包括平均值统计,极大值、极小值等,同时实现了杏树灾情资料,包括典型年份的分析、定性分析等功能。该模块包括杏树发育期统计和历史灾情资料查询,目前主要包括了河北省及全国部分资料进行了入库及管理。河北省及全国杏树发育期资料统计界面如图 8.9 所示。

图 8.9 发育期资料管理与分析

河北及全国杏生产相关历史灾情资料分析界面见图 8.10。

图 8.10　灾情资料管理与分析

8.2.3　灾害监测预警

该模块主要实现了杏树物候期预报功能，实现了对开花始期、盛期、成熟期预报功能。灾害预警主要实现：根据杏的花期和幼果期的低温灾害指标和未来数值天气预报的资料对花期和幼果期可能出现的灾害进行预警计算。

系统通过读取城镇天气预报实现未来 7 d 的预报及灾害预警功能，实现了开花始期、开花盛期、成熟期预报及分种类的花期、幼果期的低温冻害预警。功能界面如图 8.11 所示。

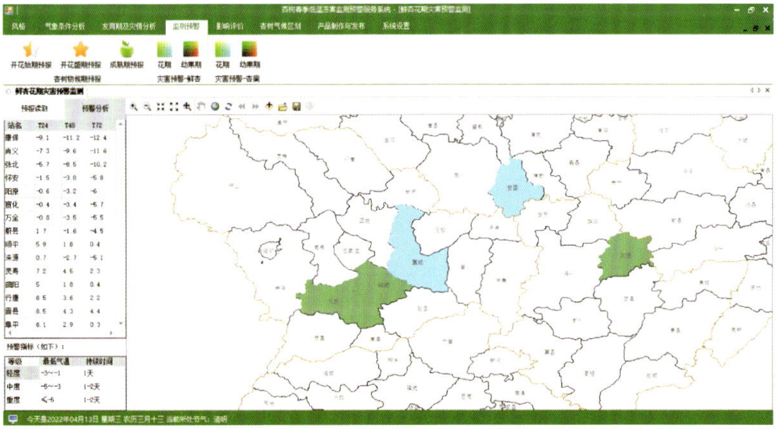

图 8.11　灾情监测预警图形显示

8.2.4 影响评价

该模块主要实现了根据实况气象资料和指标评价杏幼果期和花期的受灾损失程度(图 8.12)。

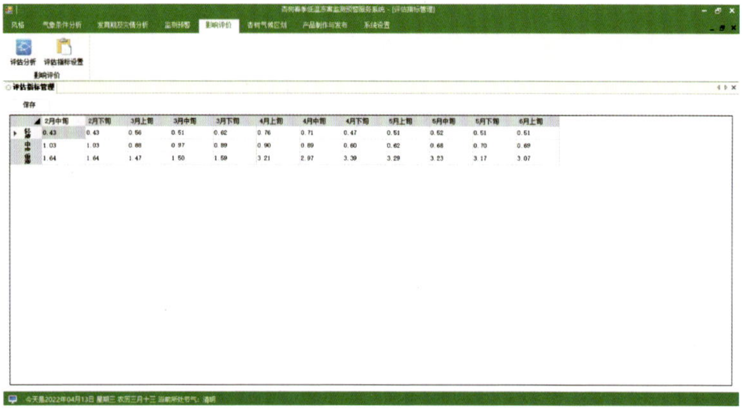

图 8.12 灾情评估计算

8.2.5 杏树气候区划

该模块主要根据研究的气候区划计算公式,通过参数输入计算得出适宜度、风险度等功能。其中功能包括了气候适宜度、温度适宜度、降水适宜度等,实现了对旬数据、生育期、风险度的不同功能分析。逐旬气候适宜度计算与统计如图 8.13 所示。

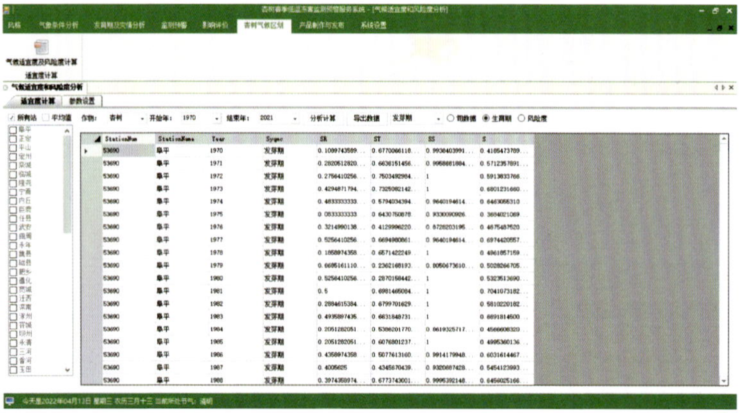

图 8.13 逐旬气候适宜度计算

杏整个生育期适宜度计算见图 8.14。

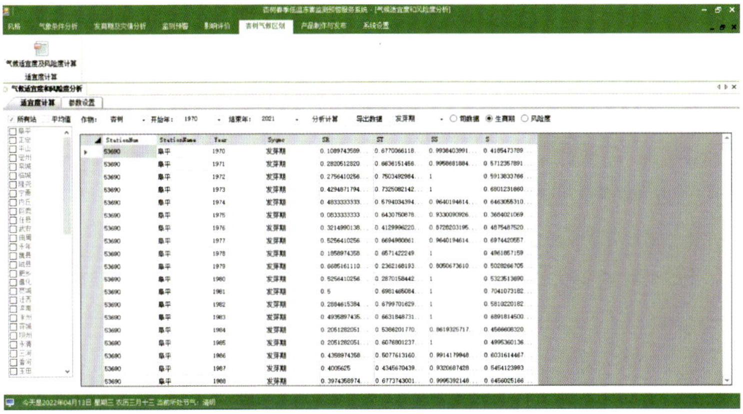

图 8.14 杏树发育期气候适宜度计算与分析

杏树不同发育期气候风险分析如图 8.15 所示。

图 8.15 杏树发育期风险度计算与分析

8.2.6 产品制作发布

建立产品制作模板,快速的生成服务产品。

8.2.7 系统设置

数据库连接设置,以及其他系统相关参数的配置。同时提供用户操作手册及相关技术文档的电子版。

8.3 系统技术路线

(1)网格化监测预报产品应用:系统采用实况格点化产品及智能网格预报产品进行指标监测及预警,动态生成网格化监测预警产品。

(2)自动化动态监测技术:建立后台服务实时动态监测服务,对杏树春季低温冻害进行 7×24 h 不间断监测。

8.4 系统应用

8.4.1 鲜食杏周年气象服务方案

通过该系统 2021—2022 年在河北巨鹿县的应用,形成鲜食杏“串枝红”周年服务方案。

8.4.1.1 花芽萌动期

巨鹿县杏树于每年 3 月中下旬当日平均气温>5 ℃以上时开始发芽。此时段果园管理要点主要为:

(1)追肥。

(2)浇水。早春结合追肥浇 1 次透水,以增加土壤墒情,同时降低地温,促使杏树延迟开花 2~3 d,可防早春冻害。

(3)病虫害防治。3 月中旬树上喷洒石硫合剂,防治介壳虫、杏疮痂病、黑斑病、山楂叶螨及其他越冬虫卵。用硬尼龙刷或铁丝刷除去越冬的雌虫或雄翰,防治杏球坚蚧和桑白翰。

杏树花芽萌动期的气象服务重点为:

(1)气温偏高:连续气温偏高,造成花期提前,如遭遇低温容易受冻。

(2)低温冻害:温度低于−3.9 ℃,低温持续时间超过 30 min,容易发生冻害。

8.4.1.2 开花期

巨鹿县杏树于每年 3 月底至 4 月上旬开花,其适宜的气象指标为日平均气温 8~11 ℃。此时段果园管理要点主要为:

(1)病虫防治。

(2)喷施硼肥:盛花期喷施硼肥,以提高坐果率。

(3)防霜冻:遇到降温时,可点燃草堆熏烟。

杏树开花期的气象服务重点为：

(1)连阴雨：导致落花，影响授粉。

(2)低温冻害：温度低于−2.2 ℃，持续时间 30 min 以上，易发生冻害。

(3)大风：导致落花，影响授粉。

8.4.1.3 幼果期

巨鹿县杏树于每年 4 月中旬左右进入幼果期，其适宜的气象指标为日平均气温为 8～11 ℃。此时段果园管理要点主要为：

(1)喷洒药物：可防治杏疔病和潜叶蛾、卷叶蛾等病虫害。

(2)施肥：幼果期应施复合肥。

(3)浇水。

(4)修剪。

(5)除草。

杏树幼果期的气象服务重点为：

(1)低温：温度低于−0.6 ℃，低温持续时间在 30 min 以上，易造成落果。

(2)干旱：根系分布土层 40～60 cm 土壤相对湿度低于 60%时，易造成落果。

8.4.1.4 果实膨大期

巨鹿县杏树于每年 4 月下旬至 5 月中旬进入果实膨大期，其适宜的气象指标为日平均气温 11～16 ℃。此时段果园管理要点为：

(1)喷洒药物：可增强其抵御病虫害的能力。

(2)灌溉：此时灌水能加速果实生长发育，既能起到保护果的作用，又能促进叶片增大和枝条增长，有利于制造积累多的营养物质。

杏树果实膨大期的气象服务重点为：

(1)干旱：根系分布土层 40～60 cm 土壤相对湿度低于 60%时，影响果实的正常发育并造成落果。

(2)病虫害的防治：气温回升，湿度较大，容易引发病虫害。

8.4.1.5 硬核期

巨鹿县杏树于每年 5 月中下旬进入杏果硬核期，其适宜的气象指标为日平均气温为 16～20 ℃。此时段果园管理要点为：

(1)灌溉。

(2)喷洒药物。

(3)追肥。

杏果硬核期气象服务重点为：

(1)干旱：根系分布层 40～60 cm 土壤相对湿度低于 60%时，影响果实的正常发育并造成落果。

(2)病虫害的防治：气温回升，湿度较大，容易引发病虫害。

8.4.1.6 着色期

巨鹿县杏树于每年 6 月上旬进入杏果着色期，其适宜的气象指标为日平均气温为 19～22 ℃。此时段果园管理要点为：

(1)施肥、浇水。

(2)病虫害的防治：着色期禁止使用剧毒农药，减少或不用低毒农药。

杏果着色期气象服务重点为：

(1)连阴雨：日照较少，不利于果实着色，从而影响果实品质。

(2)病虫害：气温较高，湿度较大，容易引发病虫害。

8.4.1.7 果实成熟期

巨鹿县杏树于每年 6 月上旬至 7 月上旬进入果实成熟期，其适宜的气象指标为日平均气温 18～25 ℃。此时段果园管理要点为：

适时采收，采摘时要轻摘轻放，装箱时要逐个拾拿不要倾倒。

杏果成熟期气象服务重点为：

(1)连阴雨：造成果实品质差。

(2)大风、冰雹：落果或砸坏果实。

(3)高温：提前成熟，单果重下降。

8.4.1.8 采摘后至落叶前期

巨鹿县杏树于每年 7 月中下旬—10 月下旬为杏果采摘后至落叶前期。此时段果园管理要点为：

(1)病虫害防治：杏树采果后至早秋这一段高温高湿的天气，有利于害虫的活动，不仅可能受红蜘蛛、食心虫等的危害，且新梢还会受蚜虫的侵袭，此时用哒螨灵＋菌立灭＋吡虫啉防虫效果较好。

(2)施肥：对树势较弱和当年结果较多的树，应及时施肥，以弥补树体中养分的不足，施肥可提高树体贮备营养的能力，保持杏树采收后树势健壮，促进花芽分化、以保证来年的产量。

(3)修剪：光照条件不良的树冠部位，很难形成饱满花芽，因此可利用夏剪的方法使树体通风透光。

(4)中耕除草：杏果采收后，应全园中耕松土、清除杂草，一般中耕深度为 10 cm 左右。

(5)排水防涝：杏树不耐涝，在雨季来临时，如有积水应及时排除，防止杏园因涝感病，影响树的生长发育。

杏树采摘后至落叶前期的气象服务重点为：

(1)病虫害：高温高湿的天气，有利于病虫害的发生。

(2)排水防涝。

8.4.1.9　落叶期

巨鹿县杏树于每年11—12月进入落叶期。此时段果园管理要点为清园除叶，即将杏园及其附近的枯枝落叶、僵果、杂草清扫干净，集中起来沤肥或烧毁。

8.4.2　服务案例

基于鲜食杏周年气象服务方案和杏生产气象保障服务系统，在2020—2022年，针对杏树春季杏花节和低温冻害过程，开展杏树气象服务。以下给出几个典型的气象服务案例。

2020年3月27日和4月9日河北气象科学研究所研究团队发布了省级的杏树气象灾害预警信息服务产品(图8.16)。3月28日的强降温天气发生时，河北南部杏区杏树正处于花期-幼果期，根据杏树低温冻害指标发布低温预警服务信息，建议及时预防；4月9日又出现降温天气，北部气温偏低，对该地杏树开花造成威胁，针对低温天气过程及时发布了预警服务产品，为当地采取科学的减灾措施提供了参考。

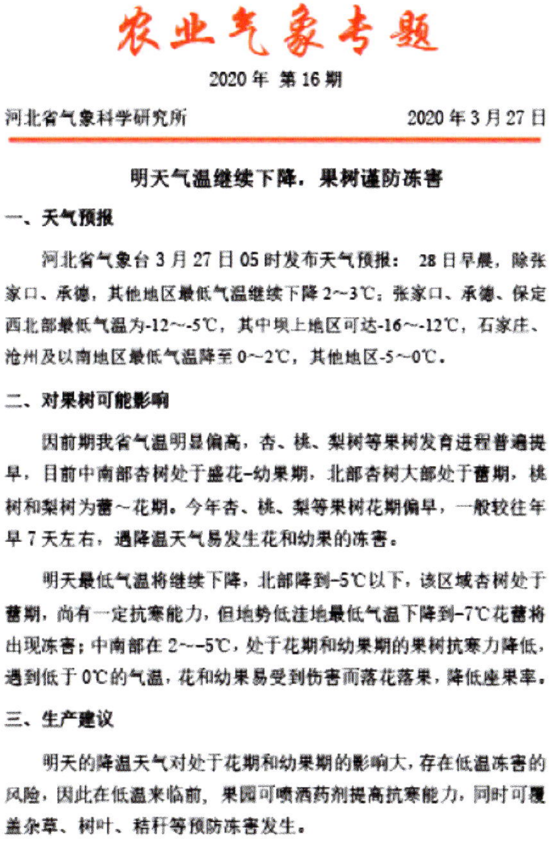
农业气象专题

2020年 第16期

河北省气象科学研究所　　　　2020年3月27日

明天气温继续下降，果树谨防冻害

一、天气预报

河北省气象台3月27日05时发布天气预报：28日早晨，除张家口、承德，其他地区最低气温继续下降2~3℃；张家口、承德、保定西北部最低气温为-12~-5℃，其中坝上地区可达-16~-12℃，石家庄、沧州及以南地区最低气温降至0~2℃，其他地区-5~0℃。

二、对果树可能影响

因前期我省气温明显偏高，杏、桃、梨树等果树发育进程普遍提早，目前中南部杏树处于盛花-幼果期，北部杏树大部处于蕾期，桃树和梨树为蕾~花期。今年杏、桃、梨等果树花期偏早，一般较往年早7天左右，遇降温天气易发生花和幼果的冻害。

明天最低气温将继续下降，北部降到-5℃以下，该区域杏树处于蕾期，尚有一定抗寒能力，但地势低洼地最低气温下降到-7℃花蕾将出现冻害；中南部在2~-5℃，处于花期和幼果期的果树抗寒力降低，遇到低于0℃的气温，花和幼果易受到伤害而落花落果，降低座果率。

三、生产建议

明天的降温天气对处于花期和幼果期的影响大，存在低温冻害的风险，因此在低温来临前，果园可喷洒药剂提高抗寒能力，同时可覆盖杂草、树叶、秸秆等预防冻害发生。

农业气象专题

2020年 第17期

河北省气象科学研究所　　　　　　　　2020年4月9日

未来两天仍持续较低温度 各地需关注果树低温冻害

一、天气预报

河北省气象台2020年04月09日11时发布天气预报：

预计今天下午到夜间，张家口北部、保定西部阴有雨夹雪或零星小雪，石家庄西部、邢台、邯郸阴有小雨；明天白天，张家口北部阴有雨夹雪或零星小雪，石家庄西部、衡水南部、邢台、邯郸阴有小雨或雷阵雨，局地有中雨；明天夜间，邢台南部、邯郸阴有小雨。

明天早晨，石家庄、沧州及以北地区最低气温继续下降2~4℃。张家口、承德最低气温降至-4~0℃，其中坝上地区最低气温降至-9~-6℃，其他地区最低气温降至1~3℃。

二、对果树可能影响

目前我省中南部杏、桃、梨等果树大部分处于幼果期，北部杏树处于盛花期。现阶段果树抗寒能力较弱，遇强降温天气易发生冻害，影响果树发育进程或对品质甚至产量造成影响。

明天最低气温将继续下降，北部降到0℃以下，该区域杏树处于盛花期，杏花期果树在0℃以下会降低座果率；中南部在1~3℃，处于幼果期的果树遇低温天气，会不同程度延缓其发育进程。

三、生产建议

明天的降温天气对处于花期的果树影响较大，存在低温冻害的风险，低温来临前，果园可喷洒药剂提高抗寒能力，同时可覆盖杂草、树叶、秸秆等预防冻害发生。幼果期的果树影响较轻，但也要注意防范。

图8.16　2020年杏树气象服务专题材料

2021年3月7日，根据前期气象条件预测了2021年巨鹿县杏花花期，并制作决策服务材料；3月24日针对杏花花期的气象条件，制作“2021年巨鹿县杏花花期（期间）气象条件分析”决策服务材料（图8.17）。

2022年发布了“2022年巨鹿县杏花花期预测”；3月17日发布了“明后两天气温持续下降，进入花期的果树谨防受冻”服务专题；和3月21日发布了“3月16—19日雨雪降温天气对农业影响评估”等（图8.18）。

杏花节气象服务专题

2021年1期

巨鹿县气象局　　　　2021年3月7日

2021年巨鹿县杏花花期预测

一、杏花花期预测

今年巨鹿县杏花预计3月12日开始绽放，始花期（3月11～14日），盛花期（3月16～18日）。

影响杏树进入花期的主要气象因子是气温，在一定温度范围内，气温和开花期成正相关，气温越高，花期就会提前。当日平均气温稳定通过8℃、大于0℃的积温达到220℃以上，杏树进入花期。近5年巨鹿开春（平均气温稳定升至0℃以上）至杏花开花的积温在222.1～229.5℃，平均为226.1℃。2021年1月24日，5日滑动平均气温稳定通过0℃，2月19日，5日滑动平均气温稳定通过8℃。据预测，3月份巨鹿县气温较常年偏高0.5~1℃，预计花期较去年稍有提前。

图1　2月18日拍摄

图2　3月3日拍摄

杏花花期气象服务专题

2021年2期

巨鹿县气象局　　　　2021年3月24日

2021年巨鹿县杏花花期（期间）气象条件分析

摘要：2021年巨鹿县杏花3月10日开放，3月12～15日进入始花期，3月16日～18日进入盛花期，3月20日进入末期。今年花期较往年提前较多，且持续时间较长。

一、前期气温概况（1月1日~3月10日）

气温：全县平均气温2.8℃，较常年同期（0.2℃）偏高2.6℃。气象局最高气温27.0℃（2月21日），较常年同期（12.7℃）偏高14.3℃。

降水：全县降水合计29.5毫米，较常年同期（14.4毫米）偏多15.1毫米。

积温：全县≥0℃积温252.7℃。2021年1月24日，5日滑动平均气温稳定通过0℃，至3月10日活动积温已达252.7℃。

二、历年花期统计分析

图8.17　2021年杏花气象服务专题产品

农业气象专题

2022年 第7期

河北省气象科学研究所　　2022年3月17日

明后两天气温持续下降，进入花期的果树谨防受冻

一、天气预报

据河北省气象台3月17日11时发布天气预报：受冷空气影响，全省大部分地区最低气温已下降6~8℃，局地下降8~12℃，预计今天夜间到19日，全省仍有明显降温过程，大部分地区最低气温继续下降3~5℃，西北部地区局地下降8℃以上；18日到19日早晨，北部地区最低气温降至-15~-5℃，其中坝上地区降至-20~-15℃，其他地区降至-5~0℃。17日下午到夜间，全省阴，保定、廊坊及以北地区有小到中雪，其中张家口、承德西部有中到大雪，局地暴雪，石家庄、衡水西部、邢台西部、邯郸西部有小雪或零星雨夹雪。

二、对果树可能影响

目前我省中南部杏树大部为蕾期，南部部分杏树已开花。18日到19日早晨，北部地区最低气温将降至-15~-5℃，中南部地区将降至-5~0℃，18~19日最低气温预报分布见图1，本次降温降将延迟果树发育进程，因蕾期的杏树尚有一定的抗寒力，受本次降温的影响不大，但对于进入花期的杏树因不能抵御较低的温度而使花的器官遭受不同程度的冻害，造成脱落率增大，进而影响产量。

三、生产建议

明后两天的降温对进入花期果树影响较大，存在低温冻害的风险，建议果农密切关注天气，在低温来临前，采取防冻措施，如喷洒

杏花观赏期气象服务专题

2022年1期

巨鹿县气象局　　2022年3月11日

2022年巨鹿县杏花花期预测

摘要： 根据近期的天气条件，结合实地调查与统计分析，预计巨鹿县今年杏花3月中旬后期（3月17~19日）进入始花期，盛花期为3月20~23日。

一、杏花花期预测

影响杏树进入花期的主要气象因子是气温，在一定温度范围内，气温和开花期成正相关，气温越高，花期越早。一般情况下，当日平均气温稳定通过0℃、且大于等于0℃的活动积温达到220℃以上，杏树将进入花期。

2022年2月24日，5日滑动平均气温稳定通过0℃，至3月15日活动积温已达222.6℃。据调查，2月平均气温1.4℃，较去年偏低4.5℃，接近常年，气温偏低时段对积温增加有所影响；进入3月后，上旬平均气温10℃，较去年偏高3.5℃，较常年偏高4.8℃。据预测，3月份巨鹿县气温较常年偏高0.5~1℃。基于上述分析，预计今年巨鹿县杏花预计3月17日开始绽放，初花期（3月17~19日），盛花期（3月20~23日）。花期较去年推迟5天左右

农业气象专题

2022年 第8期

河北省气象科学研究所　　　　2022年3月21日

3月16～19日雨雪降温天气对农业影响评估

一、天气过程实况

3月16～19日，全省最低气温下降6～12℃，大部地区在18日夜间至19日凌晨气温达到最低。过程极端最低气温格点实况分布见图1：张家口中北部、承德、保定西北部-28～-9℃，秦皇岛北部、唐山中南部、廊坊中北部和保定北部-9～-5℃，其它地区-4～0℃。伴随降温过程，除石家庄北部、邢台西部、邯郸西部，其他地区均出现雨雪天气，平均降水量为5.2毫米，其中保定北部、廊坊中北部及其以北地区5.3～24.4毫米。16日，沧州部分地区出现17～19米/秒的大风（7～8级）。

二、对冬小麦、设施农业和果树的影响

目前，我省北部冬小麦为返青期，中南部冬小麦已进入起身期。冬小麦长势较好，苗情状况接近去年。返青起身期的冬小麦抗寒能力虽较越冬期有所下降，但植株仍具有一定的抗寒能力，而降温伴随的雨雪在增墒的同时，也增加了土壤热容量，有效保护了冬小麦。整体而言，此次降温过程持续时间较短，除可能对部分弱苗的春生叶片造成轻微冻伤外，对小麦返青生长的总体影响不大。

对于设施农业，经调研不同地区的棚室情况，此次天气过程使张家口怀安县柴沟堡镇发生雪灾，部分温室受积雪影响被损坏，种植的韭菜等叶菜受冻。对于其它大部地区，由于降温前温高光足，棚室内

图 8.18　2022年杏树气象服务专题产品

参考文献

柏秦凤，王景红，梁铁，2013. 基于县域单元的降尺度苹果花期冻害风险区划[J]. 中国农学通报，29(16)：153-158.

柏秦凤，霍治国，王景红，等，2019. 中国主要果树气象灾害指标研究进展[J]. 果树学报，36(9)：1229-1243.

北京气候中心，2018. Monthly Climate Impact Assessment Report in China. 2018[ED/OL]. https:// cmdp. ncc-cma. net/ influ/ moni_ china.

蔡倩，孙占祥，郑家明，2016. 花期低温对仁用杏花粉活力及坐果率的影响[J]. 湖北农业科学(6)，55(9)：2272-2274.

陈丛敏，刘立宏，王东，等 ，2014. 巴旦杏春季低温霜冻灾害气象指标分析[J]. 沙漠与绿洲气象，8(1)：57-60.

程林仙，朱琳，2000. 陕甘宁老区仁用杏气候适宜区划[J]. 陕西气象 (6)：15-19.

程林仙，王万瑞，仁宗启，等，2001. 陕北仁用杏气候适宜性区划[J]. 西北林学院学报 (2)：18-21.

楚燕杰，2002. 鲜食杏优质丰产技术[M]. 北京：金盾出版社 .

德永军，李秀珍，贾占元，等，1999. 应用聚类分析法对大扁杏栽培区划的研究[J]. 内蒙古科技与经济 (5)：64.

董英山，郝瑞，林凤起，1990. 西伯利亚杏普通杏东北杏抗旱性研究[J]. 北方园艺 (Z1)：39-40.

段居琦，周广胜，2012. 中国双季稻种植区的气候适宜性研究[J]. 中国农业科学，45(2)：218-227.

段雯瑜，孙跃飞，马光，等，2017. 2014 年一次强降温天气对杏扁的冻害过程分析及防御建议[J]. 中国农学通报，33(19)：110-115.

段选周，任伟，2017. 轮台县小白杏种植的气候条件分析[J]. 种子科技，35(12)：94-97.

付振信，朱贵，2012. 影响大杏扁产量的主导气象因子调研[J]. 中国果菜(11)：11-13.

高蓓，卫海燕，郭彦龙，等，2015. 应用 GIS 和最大熵模型分析秦岭冷杉潜在地理分布[J]. 生态学杂志，34(3)：843-852.

宫恒瑞，王全红，2018. 达坂城杏花开花期预报方法初探[J]. 新疆农业科技，4(20)：40.

宫子辉，姜佳慧，2018. 奈曼旗大扁杏种植气候适宜性分析[J]. 现代农业科技(20)：62-63.

国家林业和草原局，2020. 仁用杏产业发展指南[DB/OL]. (2020-10-21) http://www. forestry. gov. cn/html/main/main_586/20201021085710500440805/file/20201021090211805548724. pdf

贺金娜，刘布春，刘园，等，2022. 鲜食葡萄天气指数保险设计：以环渤海主产区瓦房店连阴雨灾害为例[J]. 中国农业气象，43(10)：810-820.

黄嘉佑，2000. 气象统计分析与预报方法[M]. 北京：气象出版社 .

贾化川，袁静，孙丽娟，2014. 杏花花期预报方法探讨[J]. 安徽农业科学，42(2)：506-554.

贾克礼,吴燕民,1990. 杏树栽培[M]. 北京:农业出版社.

李疆,罗淑萍,杨序德,等,2001. 花期低温对仁用杏花器官危害程度的影响[J]. 新疆农业大学学报,24(4):22-24.

李捷,王有科,2010. 四个杏品种抗寒性的比较研究[J]. 甘肃农业大学学报,45(1):37-40,46.

李瑞平,任志新,刘润萍,2016. 仁用杏花期冻害因子分析及预防措施[J]. 河北果树(6):19.

李效珍,李开元,刘洁利,等,2014. 山西北部仁(肉)用杏花期冻害发生规律研究[J]. 农学学报,4(1):40-43.

刘晶淼,丁裕国,申红艳,2011. 我国农业气候资源区划研究进展与述评[J]. 气象科技进展,1(1):30-34.

刘宁,刘威生,赵锋,2004. 我国仁用杏主产区生产发展概述[J]. 北方果树(S1):48-49.

刘平,2019. 地理标志农产品特征特性描述研究[J]. 农产品质量与安全 (1):7-12.

刘新立,叶涛,方伟华,2017. 海南省橡胶树风灾指数保险指数指标设计研究[J]. 保险研究(6):93-102.

刘亚辰,王焕炯,戴君虎,等,2014. 物候学方法在历史气候变化重建中的应用[J]. 地理研究,33(4):603-613.

刘映宁,贺文丽,李艳莉,等,2010. 陕西果区苹果花期冻害农业保险风险指数的设计[J]. 中国农业气象,31(1):125-129.

龙兴桂,冯殿齐,苑兆和,等,2020. 中国现代果树栽培[M]. 北京:中国农业出版社.

鲁向柳,王殿辉,张凤翔,2012. 阳高京杏种植的气候条件分析[J]. 安徽农学通报(下半月刊),18(18):152-157.

逯玉兰,李广,闫丽娟,等 ,2021. 甘肃农牧交错带 1971—2019 年降水量变化研究[J]. 草地学报,29(11):2556-2565.

吕增仁,1990. 杏树栽培与杏加工[M]. 北京:科学技术文献出版社.

屈振江,周广胜,魏钦平,2016. 苹果花期冻害气象指标和风险评估[J]. 应用气象学报,27(4):385-395.

史培军,1989. 中国北方农牧交错地带的降水变化与“波动农牧业”[J]. 干旱区资源与环境(3):3-9.

舒东胥,金危危,张贻次,等,1999. 湖南杏栽培区划[J]. 湖南林业科技(1):25-28.

孙智辉,马远飞,高志斌,等,2015. 洛川苹果花期冻害气候特征及人工防霜可行性探讨[J]. 农学学报,5(11):109-112.

田介云,魏安智,刘玉林,等 ,2018. 仁用杏抗寒性研究进展[J]. 西北林学院学报,33(1):174-178.

王静,张晓煜,杨洋,等,2015. 宁夏杏、李子花期幼果期霜冻指标试验研究[J]. 中国农学通报,31(1):93-98.

王明昌,刘布春,刘园,等,2020. 陕西苹果主产县花期冻害风险评估[J]. 中国农业气象,41(6):381-392.

王乃江,赵忠,2001. 三种杏抗旱生理特性比较研究[J]. 西北林学院学报 (1):1-4.

王培娟,霍治国,杨建莹,等,2019. 基于热量指数的东北春玉米冷害指标[J]. 应用气象学报,30(1):13-24.

王培娟,马玉平,霍治国,2020. 土壤水分对冬小麦叶片光合速率影响模型构建[J]. 应用气象学报,31(3):267-279.

王培娟,唐俊贤,金志凤,等,2021. 中国茶树春霜冻害研究进展[J]. 应用气象学报,32(2):129-145.

王茹琳,王明田,罗家栋,等,2019. 基于 MaxEnt 模型的美味猕猴桃在中国气候适宜性分析[J]. 云南农业大学学报(自然科学),34(3):522-531.

王天姿,2014. 搞好水土保持发展杏扁产业[J]. 中国水土保持(11):47-48.

王伟新,2020. 陇东杏生态气候适生种植区划[J]. 甘肃科技,36(16):61-63.

王新伟,杜明哲,王丽,等,2018. 河南省花生连阴雨灾害气象指数保险设计[J]. 生态学杂志,37(11):3390-3395.

王有信,刘德兰,2015. 鲜食制干仁用杏优良品种珍珠油杏[J]. 西北园艺(果树)(2):34-35.

王玉柱,1993. 杏树根系分布的观察[J]. 华北农学报 (4):83-86.

王月琴,赵思健,聂谦,2019. 山西沁县谷子综合天气指数保险研究[J]. 保险研究 (4):15-26.

魏丽欣,张良玉,王蓉蓉,2018. 冀中南极端天气对林果冻害的影响及防御对策[J]. 江西农业学报,30(11):66-70.

邬定荣,霍治国,王培娟,等,2019. 陕西苹果花期机理性预报模型的适用性评价[J]. 应用气象学报,30(5):555-564.

邬定荣,王培娟,霍治国,等, 2021. 中国普通油茶种植气候适宜性区划[J]. 生态学杂志, 40(5):1313-1323. 武晓红,赵习平,李立颖,等,2018. 河北省杏产业发展现状与建议[J]. 中国果树(2):82-85.

熊旻,庞爱红,2016. 早稻暴雨指数保险产品设计——以江西省南昌县为例[J]. 保险研究(6):12-26.

徐德源,王健,任水莲,等,2007. 新疆杏的气候生态适应性及花期霜冻气候风险区划[J]. 15(2):18-21.

徐军,曹博,白成科,2015. 基于 MaxEnt 濒危植物独叶草的中国潜在适生分布区预测[J]. 生态学杂志,34(12):3354-3359.

许彦平,姚晓红,刘晓强,等,2015. 近 30a 甘肃天水气候资源变化对杏产量影响评估[J]. 干旱区地理,38(4):684-691.

亚合甫・木沙,席万鹏,2017. 杏生产技术[M]. 重庆:西南师范大学出版社.

杨洁,2019. 砀山酥梨低温冻害天气指数保险定价研究[D]. 安徽蚌埠:安徽财经大学.

杨素梅,2020. 贵德县杏树生长的气象条件分析及气象服务措施[J]. 现代农业科技(14):84.

杨晓娟,孙靖博,刘园,等,2022. 陕西县域苹果种植风险评估与保险费率厘定[J]. 中国农业气象,43(10):798-809.

姚秀仕,2018. 大扁杏龙王帽的生长条件分析[J]. 新农业(1):23.

于希志,2009. 我国杏产业发展中的几个障碍因素和解决途径[J]. 落叶果树,41(5):7-11.

岳阳,朱万斌,李连禄,等,2013. 基于"GIS"的环塔里木盆地杏气候适应性区划研究[J]. 中国农业大学学报,18(4):59-63.

张爱英,王焕炯,戴君虎,等,2014. 物候模型在北京观赏植物开花期预测中的适用性[J]. 应用气象学报,25(4):483-492.

张华纬,赵健,阎波杰,等,2020. 基于 MaxEnt 模型和 GIS 的马缨丹在中国的适生区预测[J]. 生态与农村环境学报,36(11):1420-1427.

张加延,2007. 河北省巨鹿县杏产业可持续发展的建议[J]. 中国果树(5):61.

张加延,2015. 中国果树科学与实践[M]. 西安:陕西科学技术出版社.

张加延,张钊,2003. 中国果树志·杏卷[M]. 北京:中国林业出版社.

张山清,吉春容,普宗朝,2019. 气候变暖对新疆杏种植气候适宜性的影响[J]. 中国农业资源与区划,40(9):131-141.

张鑫,周龙,刘立强,等,2016. 山杏开花物候期观察及花期霜冻对坐果的影响[J]. 江苏农业科学,44(4):268—270.

赵斌,2019. 蔚县杏扁冻花冻果综合防御技术[J]. 山西果树(4):64-66.

赵圣楠,2014. 浅析蔚县杏扁出口的发展前景及方向[D]. 长春:吉林大学.

郑玉萍,2012. 乌鲁木齐南山杏树种植气候条件分析[J]. 沙漠与绿洲气象,6(2):66-68.

仲舒颖,葛全胜,戴君虎,等,2017. 中国典型观赏植物花期模型建立及过去花期变化模拟[J]. 资源科学,39(11):2116-2129.

朱红梅,2016. 果树生长发育的外界环境条件探讨[J]. 现代农业科技(19):99-100.

邹强,王晶,2021. 发展地理标志,助力乡村振兴—以云南省大理州为例[J]. 科技和产业,21(7):189-192.

ANDERSON R P, Martínez-Meyer E, 2004. Modeling species' geographic distributions for preliminary conservation assessments: an implementation with the spiny pocket mice (Heteromys) of Ecuador. *Biological Conservation*,116:167-179.

CANNELL M G,SMITH R I,1983. Thermal time,chilling days and prediction of bud burst in Picea sitchensis[J]. *J Appl Ecol*,20(3):951-963.

ČREPINŠEK Z,KAJFEŽ-BOGATAJ L,BERGANT K,2006. Modelling of weather variability effect on fit of ophenology[J]. *Ecological Modelling*,194(1-3):256-265.

DARBYSHIRE R,FARRERA I,MARTINEZ-LÜSCHER J,et al,2017 A global evaluation of apple flowering phenology models for climate adaptation[J]. *Agric for Meteorol*,(240/241):67-77.

DING T,GAO H,LIX,2021. Increasing occurrence of extreme cold surges in North China during the recent global warming slowdown and the possible linkage to the extreme pressure rises over Siberia[J]. *Atmos Res*,248:105198.

DING Y H,KRISHNAMURTI T N,1987. Heat budget of the Siberian high and the winter monsoon[J]. *Mon Weather Rev*,115:2428-2449.

ELITH J,PHILLIPS S J,HASTIE T,et al,2011. A statistical explanation of MaxEnt for ecologists [J]. *Diversity & Distributions*,17(1):43-57.

HAYLOCK M,NICHOLLS N,2020. Trends in extreme rainfall indices for an updated high quality data set for Australia,1910-1998[J]. *International Journal of Climatology*,20,1533-1541.

HE Q J AND ZHOU G S,2012. The climatic suitability for maize cultivation in China[J]. *Chinese Science Bulletin*,57(4):395～403.

HUNTER A F,LECHOWICZ M J,1992. Predicting the timing of bud burst in temperate trees[J]. *J Appl Ecol*,29(3):597-604.

JAYNES E T, 1957. Information Theory and Statistical Mechanics. *Physical Review*,106:620-630.

KATH J, MUSHTAQ S, HENRY R, et al, 2019. Spatial variability in regional scale drought index insurance viability across Australia's wheat growing regions[J]. *Climate Risk Management*, (24): 13-29.

MA T, LI C, LU Z, et al, 2015. Rainfall intensity-duration thresholds for the initiation of landslides in Zhejiang Province[J]. *China Geomorphol*, 245: 193-206.

PEARSON R G, RAXWORTHY C J, NAKAMURA M, et al, 2007. Predicting species distributions from small numbers of occurrence records: a test case using cryptic geckos in Madagascar[J]. *Journal of Biogeography*, 34(1): 102-117.

PETROVIC A M, DRAGICEVIC S S, RADIC B P, et al, 2015. Historical torrential flood events in the Kolubara river basin[J]. *Nat. Hazards*, 79 (1), 1-11.

PHILLIPS S J, 2004. A maximum entropy approach to species distribution modeling[J]. *Machine Learning*: 655-662.

PHILLIPS S J, ANDERSON R P, DUDÍK M, et al, 2017. Opening the black box: an open-source release of Maxent[J]. *Ecography*, 40(7): 887-893.

SHIRSATHA P, SHALIKA V, PRAMOD A, et al, 2019. Designing weather index insurance of crops for the increased satisfaction of farmers, industry and the government[J]. *Climate Risk Management*, (25): 100189.

WANG Z B, CHEN J, TONG W J, et al, 2018. Impacts of climate change and varietal replacement on winter wheat phenology in the North China plain[J]. *Int J Plant Prod*, 12: 251-263.

WU X, WANG P J, HUO Z G, et al, 2018. Crop Drought Identification Index for winter wheat based on evapotranspiration in the Huang-Huai-Hai Plain, China[J]. *Agriculture, Ecosystems and Environment*, 263, 18-30.

YANG J Y, HUO Z G, WU L, et al, 2016. Indicator-based evaluation of spatiotemporal characteristics of rice flood in Southwest China[J]. *Agriculture, Ecosystems and Environment*, 230: 221-230.

YANG J Y, HUO Z G, LIX X, et al, 2020. Hot weather event-based characteristics of double-early rice heat risk: A study of Jiangxi province, South China[J]. *Ecological Indicators*, 113: 106148.

YANG J Y, DONG H Y, HUO Z G, et al, 2022. Threshold-based characteristics of apricot frost exposure at young fruit in the warm temperate zone, China[J]. *International Journal of Climatology*, 42(3), 1460-1471.